這堂生物課很會

那些年課本沒教的生物冷知識

侯東政—著

最精采的生物冷知識，讓人直呼「華生，你突破盲腸了」！

◎為什麼亞洲人的鼻子比較塌？原來是氣候的鍋！

◎恐龍滅絕，是因為隕石墜落、氣候變冷，還是因為自己的屁？

◎微生物居然有分紅色派跟紫色派！

崧燁

目錄

目錄

動物世界

植物天地

目錄

前言

世上有高達百公尺以上的參天大樹、重以噸計的鯨和大象，也有小到用顯微鏡或電子顯微鏡才能看到的細菌和病毒，儘管大小、形態、結構不同，但都是生物。

當人類的出現還遙遙無期時，許多生物就已經率先進入這個世界。數十億年的風霜雪雨，讓牠們經歷了無窮無盡的蛻變再生，演繹出了萬種風情。悠久、多樣、複雜，構成了生物的天河，也表現了生物的奇特。而只有百餘萬年歷史的人類，作為最有智慧的生命，或驚詫，或敬畏，或高歌，或搏擊，或求索，力圖打開這些、包括自己在內的生物之謎。

本書從生命的起源，到人類的出現，從奇特怪異的動物，到多種多樣的植物，每一種神奇的生靈都值得我們探索。在浩瀚的生物種類中，既選擇了逾百例獸、鳥、魚、蟲、樹、木、花、草研究，也分析了人類本身。

這是一本揭示奧祕、展現多彩生物世界的知識書籍，書中既有幾十億年的生物奇觀，也有身邊種種奇聞怪事，可謂內容豐富，選材新穎，涉獵廣泛。

本書一定可以成為一本愛不釋手的課外讀物，翱翔其間，也定能開拓視野，增長智慧，更能從中汲取知識，完善自我。

生物的起源與演化

生命的起源

生命什麼時間、什麼地點，特別是如何起源的問題，是生物學一直未能完全解決的重大問題，也是爭論的焦點。歷史上曾產生過多種臆測和假說，並有很多爭議。隨著不斷的深入認識和各種不同的證據的發現，人們對生命起源的問題有了更深入的研究，下面介紹幾種著名的假說。

⊙ 神造說

創造論反對一切事物自然生成的說法，即使是空氣，也是被創造後才有。人類正面臨各種因濫用自然資源和破壞生態平衡被而帶來的各種災難，對大自然的駕馭更是無從說起。這時候還能做什麼呢？唯有依靠神。《聖經》中說：「起初，神創造了天地。」人類到底與上帝是不是有密切的關係，似乎只能等到上帝審判世界的時候才能確定。我們不應該排除創造論，因為目前也沒有什麼科學理論可以自證。

⊙ 自然發生說（Spontaneous generation）

自然發生說在十九世紀前曾廣泛流行，這種學說認為，生命由無生命物質自然發生，或由一些完全不同的物質產生，如亞里斯多德所說「有些魚由淤泥及砂礫發育而成」，又比如說，中世紀有一種看法，樹葉落在地上則能變成鳥，落入水中就可以變成魚等。

十九世紀的法國微生物學家巴斯德（Louis Pasteur）發現，在鵝頸瓶中加熱肉湯，沸騰後讓其冷卻，如果未將鵝頸瓶封口，肉湯中很快就會繁殖出許多微生物，但如果在瓶口加上一個棉塞，進行同樣實驗時，肉湯就不會繁殖出微生物。由此巴斯德得出結論：肉湯中的小生物來自空氣，而非自然發生。他的實驗為科學家進一步否定「自然發生論」，奠定了堅實的基礎。

⊙ 化學起源說

化學起源說作為一種生命起源假說，被人們普遍接受。這一假說認為，在地球溫度逐漸下降以後，地球上的生命經過極其漫長的時間，由非生命物質透過極其複雜的化學過程，一步一步演變而成。

一九五三年，化學家史丹利．米勒（Stanley Lloyd Miller）設計了一個有趣的實驗：按照地球原始狀態時的組成比例，把甲烷、氨氣、氫氣和水蒸氣等氣體，混合在一個玻璃瓶中，然後模仿閃電，用電流轟擊這些氣體。結果發現：玻璃瓶中出現了一種從未見過的橘黃色氣體。測定這種氣體後，米勒證明這一氣體中含有大量的氨基酸等有機物質，因此他確立了生命是從無到有的理論，證明生命是演化而來。

米勒的實驗也有很多諸如使用能量大小、不同氣體配合的疑點，雖然實驗都產生了氨基酸、醣類等物質，但仍不能證明這就是生命的起源。他所假設的大氣層，不能證明為原始的大氣層，所得的結果也就無法確定。米勒對此也承認，其實驗與自然界生命起源相距仍很遠，且因為現代科學發現，在火星上有氧氣存在，卻沒有生命，所以米勒的假設就不成立，也就無法證明生命起源是由單細胞演化而來。

⊙ 胚種論（Panspermia）

「一切生命來自生命」的觀點為這一假說所提倡，認為「地上生命，天外飛來」，即地球上最初的生命，來自宇宙間的其他星球。

胚種論認為，太空中的「生命胚種」可以隨隕石或其他途徑，跌落在地球表面，成為最初的生命起點。現代科學研究表明：自然狀況下，在已發現的星球上，沒有保存生命的條件。沒有氧氣，接近絕對零度的溫度，具有強大殺傷力的紫外線、X射線、宇宙射線等，都是「生命胚種」不可能保存的原因。這個假說實際上把生命起源的問題，推到了無邊無際的宇宙中，同時對於「宇宙中的生命又是怎樣起源」的問題，仍無法解釋。

⊙ 化學演化論（Chemical evolution）

從古至今，解釋生命起源的說法很多，而十九世紀達爾文的《物種起源（On the Origin of Species）》，為生物學帶來了前所未有的大變革，即化學演化論。

這種學說認為，存在於早期地球大氣裡豐富的有機分子，經過漫長的歲月，產生一種相互關聯、能臨時組合在一起的結構，並且周圍會產生一層黏稠狀的東西。隨著外界環境的變化，又會排放出臨時組合在一起的另一部分有機分子，同時也能接受另一類有機分子。這種複合化的分子，可被看成是最初的生命，因為其具備最簡單的代謝和繁殖功能，這些功能正是生命屬性的基本特徵，這與米勒的化學起源說某種程度不謀而合。

有兩位來自德國和法國的科學家，在格陵蘭三十八億年前形成的古老石英岩中，發現了單細胞有機物的內含物。這種形狀呈橢圓形和絲狀體的細胞通常具有鞘，內含物由生物的物質組成。其細胞壁、鞘的結構和繁殖方式幾乎同現代的酵母菌一樣，形成這種單細胞有機物大約需要五億多年。由此我們推測，生命大概在四十三億年前才開始出現。人們也根據最新的考察結果得出這樣的看法：生命的出現與行星的誕生幾乎同時。

雖然我們目前無法徹底解開生命起源的奧祕，但這麼多重要的發現，也讓生命起源的尋求歷程變得奇妙而有趣。

相關連結──生命起源的熱泉生態系統

一九七〇年代，有些學者提出生命的起源可能與熱泉生態系統有關。一九七〇年代末，科學家在東太平洋的加拉巴哥群島附近，發現幾處深海熱泉，在這些熱泉裡生活著眾多的生物，包括管棲蠕蟲、蛤類和細菌等生物群落（biocoenosis）。這些自營細菌生物群落，生活在一個高溫（熱泉噴口附近的溫度達到攝氏三百度以上）、高壓、缺氧、偏酸和無光的環境中，利用熱泉噴出的硫化物（如硫化氫）所得到的能量，還原二氧化碳，製造有機物，其他動物再以它們為食物存活。截至目前，科學家已發現數十個這樣的深海熱泉生態系統，一般位於兩個板塊結合處所形成的洋脊附近。

與地球早期環境相似的，是熱泉噴口附近不僅溫度非常高，且又有大量的硫化物、甲烷、氫氣和二氧化碳等，現今所發現的古細菌大多都生活在高溫、缺氧、含硫和偏酸的環境中，這種極度相似的環境，正是熱泉生態系統能與生命的起源相聯繫的主因。

因此部分學者認為，熱泉噴口附近的環境，不但可以為生命的出現和延續，提供所需的能量和物質，而且能避免地外物體撞擊地球的影響，是孕育生命的理想場所。

然而另一些學者認為，生命有可能先從地球表面產生，隨後才蔓延到深海熱泉噴口周圍。後來的撞擊毀滅了地球表面所有生命，只有隱藏在深海噴口附近的生物得以存活。他們認為，雖然這些噴口附近的生物不是地球上最早出現的生命，卻是現存所有生物的共同祖先。

生物如何演化

原始生命的產生，是生物演化過程中的一個里程碑。原始生命產生以後，由於各種營養方式的差異，有些演化為原始藻類，具有葉綠素，可以自營生活；另一些演化成為原始單細胞動物，沒有葉綠素、靠攝取現成有機物為生。而地球上千千萬萬的植物和動物，便是由這些原始藻類和原始單細胞動物演化而來。

⊙ 植物的演化

現在，地球上共有約四十多萬種植物，它們的差異體現在形態結構、營養方式、生殖方式和生活環境上。透過對化石的研究，科學家認定：現今的植物並不是近期才產生，而是經歷了三十多億年逐漸演化而來。

細菌和藍綠菌等原核生物，出現於大約三十五～三十三億年前，之後總共經歷了五個發展階段，達到現在的狀況。

第一階段是菌藻時代，這一時代從三十五億年前開始，到四億年前（志留紀晚期），總共大約三十億年的時間。其中三十五億年～十五億年期間，為細菌和藍綠菌獨霸的時期，被稱為「細菌－藍綠菌時代」；而從十五億年前開始，才終於出現了紅藻、綠藻等真核藻類。

第二階段是裸蕨植物時代。裸蕨是四億年前，由一些綠藻演化而來的原始陸生維管束植物，特點是無根，也無葉子，但有維管束組織，因此可以在陸地上生活。在三億多年前的泥盆紀早、中期，它們用了大約三千萬年的時間向陸地發展，為了適應各種陸生環境，它們也開始分化；此外，苔蘚植物也在泥盆紀出現，但它們最終也沒有成為陸生植被的優勢群落，只是植物界演化中的一個分支。

第三階段是蕨類植物時代。在泥盆紀末期，裸蕨植物逐漸滅絕，由它們演化而來的蕨類植物取而代之。在二疊紀，它們成為陸生植被的主要景觀，這些蕨類植物呈高大喬木狀，有鱗木、蘆木、封印木等。

第四階段是裸子植物時代。從二疊紀開始，到白堊紀早期這段時間，由於環境變化，蕨類植物大都滅絕，陸生植被由裸子植物取代。原裸子植物（Progymnospermae）也是由裸蕨演化而來。中生代為裸子植物最繁盛的時期，因而也被稱為裸子植物時代。

第五階段是被子植物時代。被子植物在白堊紀迅速發展，並逐漸取代了裸子植物的優勢地位。

如今，被子植物仍是地球上種類最多、分布最廣、適應性最強的優勢群落。

縱觀植物的演化，可以看到是透過遺傳變異、天擇（人類出現後還有人工選擇）不斷進行，並沿著從低等到高等、從簡單到複雜、從無分化到有分化、從水生到陸生的規律演化。新的植物種類不斷誕生，而不適應環境變化的種類不斷滅絕。除非地球毀滅，否則這條演化的歷程永遠不會終結。

⊙ 動物的演化

現存的動物種數約為一百五十多萬，主要包括單細胞的原生動物（Protozoa），和多細胞的後生動物（Metazoa）兩大類。後生動物又被分為兩類，其中一類的細胞只有不同的分化，如多孔動物門（Porifer）；而另一類的細胞有分工，可組成完全固定的組織和器官系統，多細胞動物中，除多孔動物以外的均屬此類。另外，動物學家也習慣上根據動物體內有無脊椎骨，將整個動物界劃分為無脊椎動物和脊椎動物（Vertebrata）兩大類，但更科學的分法，是將動物分為無脊索動物和脊索動物（Chordata）兩大類。

領鞭毛蟲（Choanoflagellate）大概是最原始的原生生物，鞭毛綱動物（Flagellata）是現存的原生動物，牠有可能是由這種領鞭毛蟲演化而來。多細胞動物起源於單細胞動物，這點在科學界已有共識，但對於單細胞動物演化到多細胞動物的方式，目前還沒有統一的意見。

生存在海洋中寄生的微小動物，是最簡單、實心的原始多細胞動物，牠是介於原生動物和後生動物之間的類型。

多孔動物門是很古老的群落，牠極近似於原生動物門的領鞭毛蟲，基於這個因素，人們認為牠由領鞭毛蟲演化而來。不過，因為牠很早就從多細胞動物的主幹上分出，又因為牠在胚胎發育中有翻轉現象，所以多孔動物便成為動物演化中的一個特殊的盲枝，稱為側生動物（Sponge）。除此之外，其他所有多細胞動物，統稱為真後生動物（Eumetazoa）。

真後生動物首先發展出輻射對稱的刺絲胞動物門（Cnidaria），是典型的具有消化腔的兩胚層動物，或許來自與浮浪幼蟲（Planula）相似的祖先實球蟲，然後發育成原始水母型，再發育成固著的水螅型，和複雜、自由游泳的水母型。而櫛水母動物門（Ctenophora）屬於自由浮游的動物，與水母有相似之處，體型基本上仍屬輻射對稱，但兩側輻射對稱已較明顯。從結構上看，牠不具刺細胞，而具有中胚層原基等。

當動物過渡到爬行生活的時候，頭便開始分化，兩側對稱、中胚層也有所發展。原始三胚層動物發展出許多演化支，其中原口動物（Protostomia）和後口動物（Deuterostomia）兩支，在結構與功能上有許多重要進步。所謂原口動物，指的是成體的口由原腸胚期的原口（胚孔）發育而來的動物，屬於原口動物的有扁形動物門（Platyhelminthes）、紐形動物門（Nemertina）、顎胃動物門（Gnathostomulida）、輪型動物門（Rotifera）、線蟲動物門（Nematoda）、線形動物門（Nematomorpha）、軟體動物門（Mollusca]）、環節動物門（Annelida）和節肢動物門（Arthropoda）等較大的門，以及其他一些小的門。

假體腔（Pseudocoelomata）是由胚胎期的囊胚腔持續到成蟲時所形成，而不是由中胚層形成，在體壁與消化管之間無體腔膜包圍。假體腔動物中的七個門（輪型動物門、腹毛動物門（Gastrotricha）、線蟲動物門、線形動物門、棘頭動物門（Acanthocephala）、動吻動物門（Kinorhyncha）和內肛動物門（Entoprocta）並非一個自然群落，各門的共同點是都具有假體腔，而在其他方面差異較大。

原口動物中，軟體動物門的真體腔是以裂腔法形成，但不夠發達，僅存在於圍心腔（pericardial chamber）、腎臟和生殖腺腔等處。由於軟體動物為螺旋卵裂（cleavage），並具有擔輪幼蟲（Trochozoa），說明軟體動物可能來自擔輪幼蟲型的祖先。來源於原口動物原始類型最演化的分支，是環節動物門和由牠發展出來的節肢動物門。

凡原腸胚期（gastrula）的原口，成為成體的肛門，而與原口相對的一端，重新開口成為成體的口的動物，統稱為後口動物。後口動物包括有毛顎動物門（Chaetognatha）、棘皮動物門、鬚腕動物門（Pogonophora）、半索動物門（Hemichordata）和脊索動物門。

脊索動物門起源於棘皮動物，這是被多數動物學家認同的結論。至於脊索動物的祖先可能是原始頭索動物（Cephalochordata），牠特化為兩個分支：被囊動物（Tunicata，如海鞘）和趨向於水底生活的頭索動物（如文昌魚）。

脊索動物的演化歷程是：從頭索綱演化成原始有頭類（Craniata）；由無頷總綱（Agnatha，化石甲冑魚、圓口類）演化成有頷下門（Gnathostomata，魚類祖先）；從水生生活到陸生生活；從無羊膜類到有羊膜動物（Amniota）；從變溫動物到恆溫動物。淡水水域中出現了最早的脊椎動物（Ostracoderms，甲胄魚），古生代的志留紀和泥盆紀被稱為「魚類時代」。

兩棲類動物在泥盆紀出現，在古生代晚期的石炭紀達到極盛。到了石炭紀末期，爬蟲類由原始的兩棲類演化而來。到了中生代，整個自然界幾乎被爬蟲類所占據，所以中生代常被稱為「爬蟲類時代」。當前動物學界一般認為，爬蟲類起源於兩棲動物迷齒亞綱（Labyrinthodontia）中的石炭蜥目（Anthracosauria），特別是該類中的蜥螈形類（Seymouria）。

到了距今一億四千萬多年前的晚侏羅紀，出現了鳥類。鳥類起源於爬蟲類，鳥類種類顯著增多，開始於新生代第三紀。

除了鳥類，哺乳類也起源於爬行綱的獸孔目（Therapsida）。在七千萬年前，即新生代開始的時候，哺乳類經過了長期演化，逐漸出現一系列進步的特徵，哺乳類便取代了爬蟲類，在動物界占據優勢地位，所以新生代第三紀，又常被稱為「哺乳動物時代」。

根據動物的演化歷史，動物學家把現代生存的動物構成一個系統發生樹（phylogenetic tree）。系統發生樹下部的分支代表古老動物，這些古老動物保持原始結構，在不同歷史發展階段的主幹上，不斷增加分支。當構建動物界的系統發生樹時，一是要考慮到現代成體動物和化石成體動物的結構，以及牠們周圍的環境條件，二是要考慮到牠們個體發育的特點，系統發生樹才能更貼近實際情況。

⊙ 人類的出現

在漫長的生物演化歷程中，人類是生物演化後期階段的產物，那麼人類起源於什麼?究竟是由哪類古生物演化而來的？

在哺乳動物中，與人類的親緣關係最近的算是類人猿。類人猿中的黑猩猩，與人類非常相似，不僅表現在血型、骨胳、內臟器官的結構和功能上，還表現在面部表情和行為上；此外，人類學家的研究成果也提出了充分的證據，表明人類和類人猿是近親，二者有著共同祖先。

人類和類人猿都起源於森林古猿（Dryopithecus）。最初，森林古猿在樹上生活，但後來一些地區的氣候變得乾燥，森林減少，這些森林古猿為了尋找食物，被迫到地面上。經過漫長的演化後，才逐漸演化成現代人類。

那麼其他地區的森林古猿呢？仍然生活在森林裡，經過漫長的時間，有的滅絕了，有的逐漸演化成類人猿。而那些到地面生活的森林古猿，逐漸學會直立行走，前肢會使用樹枝、石塊等來獲得食物、防禦敵害。透過運用這些天然工具，牠們也逐漸學會製造簡單的工具。經過很長的時間，人類祖先的雙手日益靈巧，大腦也越來越發達，伴隨著這個過程，還產生了語言，並逐漸形成了社會。在經過極其漫長的歲月後，古猿才演化成為人。

小知識——生物的分類

生物的一般分類層次：界、門、綱、目、科、屬、種。

生物的具體分類層次：總界、界、門、亞門、總綱、綱、亞綱、總目、目、亞目、總科、科、亞科、屬、亞屬、種、亞種。

生物是由原核生物、真核生物組成，也就是動物、植物、微生物，其特徵是可以新陳代謝。生物（除病毒外）由細胞構成，細胞的生活需求有機物和無機物。有機物（含碳，可以燃燒的物質叫有機物），如糖、澱粉、蛋白質、核酸；無機物（不含碳，不可燃燒），如水、無機鹽、氧氣。

達爾文與物種起源

對於生物的起源，宗教中有解釋，比如《聖經》中稱，上帝在七天內創造了人和萬物；中國古代則有女媧造人的傳說，但這些終究只是人們的想像。那麼，世界上千姿百態的生物，到底是怎麼來的？人類又是如何出現的呢？

人們提出很多假說，而其中迄今為止影響最大的，就是達爾文的演化論。

⊙ 達爾文其人

查理斯．達爾文（Charles Robert Darwin）生於一八〇九年二月十二日，出生在英國一個富裕的醫生家庭。達爾文的青年時代遊手好閒，經常被父親指責：「你除了打獵、玩狗、抓老鼠，別的什麼都不管，你將會是整個家庭的恥辱！」這時的達爾文，除了跟當時的男孩子一樣熱衷於收集礦石和昆蟲標本外，並沒有什麼特殊之處。

一八二五年，達爾文被送進了愛丁堡醫學院——老達爾文希望兒子繼承自己的衣缽。只是，小達爾文對醫學提不起興趣，再加上他天性脆弱，不敢面對手術台上的鮮血，於是兩年後，達爾文從醫學院退學。

後來，達爾文又聽從父親的安排，進了劍橋修神學，但他對神學也毫無興趣，以致花在打獵和收集甲蟲標本上的時間，比花在學業上的要多很多。不過最終也在一八三一年畢業，準備當一名鄉間牧師。

雖然達爾文並沒有在學校課程獲得太多知識，但他在課餘時卻結識了一批優秀的博物學家，並接受了科學訓練，他在博物學（Historia Naturalis）上展現出來的天賦，也得到這些博物學家的賞識。一八三一年底，達爾文隨小獵犬號遠航，途經大西洋、南美洲和太平洋，沿途考察的對象包括地質、植物和動物。一路上達爾文做了大量的觀察筆記，採集了無數的標本，並把它們運回英國，為往後的研究提供了第一手資料。小獵犬號歷經五年，最後才回到英國。

一八三七年，小獵犬號之行已經結束一年，達爾文開始祕密研究演化論。他的第一份筆記，是家養和自然環境下動植物的變異，根據這些筆記他進一步推導：任何物種的個體都各不相同，都存在變異，這些變異可能是中性的，也可能會影響生存能力，導致個體的生存能力有強有弱。在生存競爭中，生存能力強的個體能產生較多後代，種族得以繁衍，其遺傳性狀在數量上逐漸取得優勢，而生存能力弱的個體則逐漸被淘汰，即所謂「適者生存」。其結果是使生物物種因適應環境而逐漸發生了變化，達爾文稱為天擇（Natural selection）。

在達爾文看來，長頸鹿的誕生並不是因為用進廢退（Use and discard），而是因為在長頸鹿的祖先中，本來就有長脖子的變異；而當環境發生變化、食物稀少時，長脖子有了生存優勢，因為牠們能吃到高處的葉子，一代又一代天擇的結果，就是長脖子的性狀在群體中擴散，長頸鹿這個新物種於是誕生。

達爾文於一八五九年發表《物種起源（On the Origin of Species）》，這本書在科學界掀起了軒然大波。《物種起源》最終獲得廣泛認同，天擇理論也被稱為「達爾文主義」，至今仍在沿用。

⊙《物種起源》

在《物種起源》中達爾文指出，生存競爭在生物界普遍存在。在生存競爭中，能更適應生存環境的有利變異，將被保存下來，後代也有相同性狀，而那些不利的變異將消失，即「天擇」的原理。

在自然界中，一切生物都不是特殊的創造物，而是少數幾種生物的直系後代。經過物競天擇，逐漸誕生新物種，從而逐漸演化。達爾文認為，自然界中的生物不是一成不變，而是不斷由低等向高等發展，這從無數事實中都可以得到證明。

《物種起源》的出版，在整個歐洲掀起了滔天巨浪，引起了激烈的論爭。牛津大主教認為，達爾文的演化論與上帝的教義格格不入，但達爾文面對攻擊毫不妥協，並認為他們的攻擊，證明了自己的工作沒有白費。他知道，演化論取代神造論，將是長期而艱苦的過程，而許多進步的學者，都擁護達爾文的演化論。曾任英國皇家學會會長的英國博物學者赫胥黎（Aldous Leonard Huxley）表示支持達爾文，說即使會受到火刑，他也要擁護。同樣支持達爾文的，還有英國植物分類學家虎克（Joseph Dalton Hooker，不是跟牛頓不和的虎克）。

達爾文《物種起源》中的生物演化理論，從根本上否定了神造論，並在嚴格的基礎上建立了生物學，從而成為十九世紀自然科學的三大發現之一（細胞學說、能量守恆定律、演化論）。

延伸閱讀——達爾文之前的物種觀念

在十九世紀正統的宗教和生物學思想中，「物種」概念包括了三個基本思想，其中最明顯的是「不可再分」的觀念，即物種「狗」的概念中，包含所有個體的狗，而其他動物都被排除在外，與其沒有絲毫關係。

這種思想最早可以追溯到亞里斯多德時代，當時由於受日常經驗的支持，柏拉圖的唯心主義（Idealism）支持這種觀念；但正是這些在個體狗上，未能全部表現出來的狗的本質，才是理性思維所要思考的內容。

《創世紀》的教義結合了柏拉圖哲學與普通經驗，出現了神造論。，主要包含兩方面內容。其一，認為萬物是由上帝一次創造出來。「亞當為牠們取了什麼名字，牠們就叫什麼名字」。林奈（Carl Linnaeus）的二名法（Binomial Nomenclature）就沿襲了這種物種間無關聯的觀念。

十八世紀，隨著動植物標本採集量的增加，以及對物種的系統研究，原本用來區分不同物種的差異不再成立。在開始寫《自然系統（Systema Naturae）》時，林奈堅信用「種」作為分類單位的絕對性；但晚年時林奈也發現，區分一個種和牠的變種變得非常困難，於是在「種」之上又增加了「屬」的單位，但他始終沒有公開質疑「物種不變」的正統思想。

其二，認為每個物種的設計都非常完美，這種觀念被當時自然神學支持。一八三六年，在達爾文隨小獵犬號歸來時，一位劍橋哲學家仍認為：整個地球從一極到另一極，從周邊到中心，總是把雪蓮放在最適合它生長的地方。在這種表述中，強調的是造物的神奇。但這種思想在六十年前，就曾受到懷疑論者休謨（David Hume）的質疑，他在《自然宗教對話錄（Dialogues concerning Natural Religion）》中說：「我們不能因為現在的適應狀況良好，就否認以前可能存在的不理想狀態。」

人類起源和演化

人類有發達的大腦，能製造工具與勞動，但人也是從動物演化而來。從生物學的視角看，人依然是動物。在林奈的分類系統中，人、猿、猩猩等，都是屬於靈長目。

⊙ 人在分類系統中的地位

人屬於靈長目，與猩猩、黑猩猩、大猩猩有很近的血緣關係。在分類系統中，三種猩猩與人都屬於人科（Hominidae），而又同屬於人猿總科（Hominoidea）。本來這個總科的動物主要生活於熱帶雨林，人卻成為一個例外，已經遍布地球各個角落。

在白堊紀，生物界發生了一次大滅絕，恐龍和很多哺乳類動物都滅絕了，而靈長類正處於早期上升階段，迅速發展，並和其他存活下來的哺乳類物種一樣，開始新一輪演化。

最早期的靈長類，特點是體小、樹棲、夜行性，善於跳躍、攀援，以昆蟲為食。「手」很發達，拇指和其他四指相對，這樣就便於捕捉、握執食物。爪逐漸發展為甲，而手指的感覺能力也有明顯提高。眼也不再位於顏面兩側，而是並列於顏面前方，這就使感知距離和立體視覺的能力有所加強。隨後出現了大型靈長類，而且，大多數靈長類開始從夜間活動發展為晝夜活動，並且也吃植物性食物，視力進一步發展，大多數還有辨色能力，手指的感覺能力也得到提高。借助這些進步，牠們有能力從樹棲生活擴展到陸地生活。

人的手非常靈巧，可以製作工具；人的腦非常發達，有語言能力，也有社會組織。這些特點其實在靈長類中都可找到源頭。

⊙ 人的起源和演化

一百多年來，幾代人類學家的努力，已經把人類歷史向前推到三百萬~四百萬年前。如今，人們試圖重建四百萬年來，人類從南方古猿到現代人的演化歷程，這其中包括了南方古猿階段（Australopithecus）、巧人階段（Homo habilis）、直立人階段（Homo erectus），和智人階段（Homo sapiens）。

（一）南方古猿（四百萬~一百萬年前）：人科不同於猿科，其中的一個重要區別在於，人科是靈長類中唯一能直立行走的動物。大約五百多萬年前，靈長類動物中的一個小系，指節離地而起，採取兩足直立的姿勢，身體構造也發生了變化。從此，這個靈長類的小系就開始向人科演化。已知最早的一類人科成員，是生活於四百萬～一百萬年前的南方古猿，他們雖已能直立行走，不過腦容量還處於猿的水準，只有約四百五十～五百立方公分，犬齒變小。

迄今發現的最早人科化石，大約在四百多萬年前，而最晚的古猿化石大約在一千萬年前，在兩者之間的化石記錄的空白長達五百多萬年。而分子人類學（Molecular Anthropology）的研究確定，人與猿的分化大約是在五百～六百萬年前發生，力求在考古發掘上有新突破，以填滿這段空白，便成了當前古人類學家關注的焦點之一。然而，要確定新化石人類的物種並不容易，在這個猿與人轉變的關鍵存在更大的困難，。

（二）巧人或早期猿人（兩百萬～一百七十五萬年前）：一九五九年，在坦尚尼亞的奧杜威峽谷，M．Leakey 找到了近乎完整的傍人（Paranthropus，又稱粗壯南方古猿）頭骨，同時他還找到了石器和破碎的骨片。但從頭骨判斷，要做這些高級技術行為，腦容量五百三十立方公分仍然太小。在一九六一年末的奧杜威，M.Learey 終於找到了另一種更進步的人種化石。這些人的腦容量很大，都在六百立方公分以上，擁有了與人的性狀相似的總形態和腦溝，可能已有語言能力。這些人的顱骨和趾骨更接近現代人，牙齒也小於傍人。一九六四年，他們把這一更進步的人歸入人屬。

以後，人在演化過程中又分出兩個世系，一個世系從南方古猿屬到傍人屬，另一個世系演化成人屬，從巧人到直立人，最終到智人。

（三）直立人（兩百萬～二十萬年前）：直立人最早是由爪哇人和北京人的化石所確定。如今已查明，非洲、亞洲和歐洲，均有直立人化石廣泛分布，這些直立人身高約一百五十公分，有著和現代人相似的骨骼支架，但顱骨仍然帶有原始性狀，頭骨低矮，眉脊粗狀，牙齒比現代人粗大等。他的腦容量大約為八百～一千一百立方公分，已能和現代人的腦容量銜接。直立人創造了舊石器時期的早期主要文化，代表工具是大型砍砸器（亞洲）和手斧（歐洲），除此還有小型的尖狀器和刮削器等。

尚不清楚人的語言是何時出現，巧人可能已經有了語言。有跡象表明，直立人已經具有了一定的語言能力，現代人的語言中心在大腦左半球。正是由於語言中心的發育，大腦的兩半球出現了不對稱性。中國北京周口店第五號北京猿人頭骨的左右半球，已有明顯的不對稱，這是直立人具備語言能力的一個直接證據。人在具備語言能力後，才可能發展出抽象思維，因此這個刻有抽象符號的肋骨，足以說明直立人已具備語言能力。直立人必須運用一定的語言，因為他們要製造比較複雜、且對稱的手斧和尖狀器，要能控制火，透過合作、使用一定的謀略，圍獵大型動物等等，而這些有目的的活動，又反過來促進語言的發展。

（四）智人（二十五萬年前）：在直立人階段之後，人類開始步入了智人階段。智人階段分為早期智人（英：Archaic Homo sapiens）和晚期智人（Homo sapiens sapiens）兩類，兩者同屬一個種，差別只是在於亞種的水準上。

早期智人生活於大概二十五萬～四萬年前（更新世中期至晚期，舊石器時代中期）。亞、非、歐許多地區都有早期智人的化石分布，尼安德塔人（Homo neanderthalensis）是發現最早的早期智人，一八五六年發現於德國尼安德河谷。

尼安德塔人的形態特徵，介於晚期猿人與現代人之間，他們身高一百六十公分，眉脊突出，額明顯後傾，腦容量平均可達一千四百立方公分，表明他們已經具備相當發達的智力。以前有人認為尼人愚蠢笨拙，但實際上，尼人不僅能製造較先進的石器工具，還巧人工取火。

晚期智人在距今約四萬年前出現，前部牙齒和顏面都較小，盾脊降低，顱高增大，這是晚期智人和早期智人在形態上的主要區別，這些特點在現代人身上更為明顯。最早發現的早期智人化石，為法國克羅馬儂村的克羅馬儂人（英：Cro-Magnon），其形態非常接近現代人，身高一百八十公分，眉脊不突出，額寬大，腦容量與現代人接近，可以製作複合工具，並具備原始的繪畫和雕刻技術。

在巧人到直立人、早期智人和晚期智人的演化過程中，人類體質的演變和文化的演變也同時進行。體質的演變的結果，是腦容量日益增大；文化的演變的結果，是石器愈來愈多樣、鋒利和標準化，石器和天然石塊的形態間的差別變得愈來愈大；從單一石器發展到複合工具；從利用自然火發展到人工取火等。比較特別的是，人類體質的演變，不是像其他動物那樣，專門適應一種特定的生活條件，而是適應人類製造工具和使用工具的勞動。人類憑其勞動能力製造出不同的工具，獲取生活資源，適應不同的生活條件。勞動也成為人區別於猿的重要特徵，同時也是文化適應的基礎。

從巧人到晚期智人，都屬於舊石器時代，這段時間的人類統稱為現代人，體質上變化不大，但文化上的變化卻巨大而深刻。在新石器時代，人類不但有了磨製石器，還能製作陶器。畜牧業和農業便是出現於這一時期。大約九千多年前，人類開始使用金屬工具，開始是用紅銅（純銅），然後是青銅（銅與錫的合金），最後是用鐵，考古學分別稱為紅銅時代（又稱銅石並用時代）、青銅時代和鐵器時代。而五千年前發明的文字，成為推進文化交流和積累的有效工具，人類也就此跨進了歷史時代。

相關連結——人種

人種，是根據體質上可遺傳的性狀而劃分的人群。依據膚色、髮型等體質特徵，通常把世界上的人劃分為四個人種：蒙古人種（Mongoloid，黃種人），特徵是直髮，臉扁平，鼻扁，鼻孔寬大；高加索人種（Caucasian race，白種人），特徵是鼻子高狹，眼睛顏色和頭髮類型多種多樣；黑人種（Black），特徵是嘴唇厚，鼻寬，頭髮捲曲；澳洲人種（Proto-Austroloids），特徵是頭髮棕黑而捲曲，鼻寬，鬍鬚及體毛髮達。

人們劃分人種時所依據的體質特徵，主要是由於對氣候的適應不同。造成膚色差異的主要因素是血管的分布，和一定皮膚區塊中黑色素的數量。黑色素多的皮膚顯黑，中等的顯黃，很少的顯淺。

鼻形也是如此，生活在熱帶雨林的人，一般有較寬闊的鼻孔，因為氣候溫暖濕潤，所以鼻子的功能不是非常重要；而生活在高緯度的白人，鼻子往往長而突，這有助於暖化、濕潤進入肺部的空氣。

黃種人的眼褶，大概與亞洲中部風沙地帶的氣候有關係；另外，黃種人的臉型扁平、脂肪層半滿，能夠保護臉部不被凍傷。

這些種族特徵大約形成於化石智人階段，現在由於人類物質文化水準進步，大多數種族特徵已失去適應的意義。

生物的起源與演化

人類起源和演化

人體生命

人體最大的器官——皮膚

皮膚使我們不受病菌、污染的直接侵害，也保護器官不受傷害和刺激，是人體的一道天然屏障。雖然人的身材不一，但多數成年人全身皮膚，占體重的比例大約為16%～17%，總面積都約在一點五～兩平方公尺之間，重量超過十五公斤，皮膚就是最大的器官。

人體的皮膚比許多哺乳動物都要厚，它分為兩層：一層是由四～五層細胞組成的表皮，其中包括由表皮衍生而來的小汗腺、大汗腺、皮脂腺、毛髮等附屬；另一層是由纖維組織組成的真皮，含有豐富的血管、淋巴管和神經末梢等等。

皮膚對於人體有著多種作用，比如，它能阻止外部因素的滲透以及體液外溢；使我們免受太陽輻射（尤其是紫外線）的侵害；透過調整出汗和散發熱量，它有助於使體溫保持在攝氏三十七度左右，並且積極參與有機體的代謝和免疫反應。

正是因為皮膚必不可少的作用，所以我們應該盡可能保護皮膚。在人的一生中皮膚會不停再生，而且它還具備修復自己傷口的能力。但它也會隨著歲月的流逝喪失彈性和美觀，慢慢損耗衰老。

⊙ 情緒對皮膚的影響

美國學者研究發現，給人的擁抱、撫摸或按摩，能有止痛藥和鎮靜劑的作用，對新生嬰兒更是如此。一位心理醫生曾表示：「在孤兒院，新生兒可以得到照顧，但卻卻不會被人撫摸。有研究表明，缺少身體接觸的孩子長不大，甚至還有可能夭折。即便是癌症病人，一次按摩，也能有非常強而有力的鎮痛作用，這是因為它會刺激大腦產生內啡肽（endorphin），這是我們體內天然的類嗎啡物質。」

作為身體內部和外部接觸的橋梁，皮膚通常是精神與身體疾病顯露的目標器官。我們這裡所談的疾病，指的是那些由心理問題或緊張情緒而引起、又有實際症狀的疾病。皮膚上的疾病可以「排出」許多激烈的情緒，血管、胃和其他消化系統的疾病，以及皮膚炎、牛皮癬、脫髮等，這些都是與緊張相關的皮膚疾病。實際上，這些疾病在情緒特別緊張或焦慮時會更加的嚴重，有時情緒緊張還會使傷口推遲癒合。

⊙ 皮膚的觸覺

在健康的皮膚內，分布著感覺神經和運動神經，表皮、真皮及皮下組織中，也廣泛分布著神經末梢和特殊感覺接受器，以感知體內外的各種刺激，引起相對應的神經反射，維持整個有機體的健康。

總之，皮膚有六種基本的感覺：觸覺、痛覺、冷覺、溫覺、壓覺及癢覺。觸覺是皮膚的基本感覺之一，在皮膚的表面散布著觸點（touch spot），觸點大小不同，有的直徑大到零點五毫米，分布也並不規則。一般情況下，指腹觸點最多，其次頭部，在小腿及背部的觸點最少。指腹的觸覺最為敏感，而小腿及背部最為遲鈍，就是由於這個原因。當用線頭接觸指腹，會有明顯的觸覺，而當用線頭接觸小腿，則完全無知覺。因此，有人打麻將時不需要看牌也可以透過手指觸摸，知道是什麼牌；而用兩個相距零點五公分的鈍針觸壓背部皮膚時，鈍針卻被誤認為是同一個物體。

⊙ 皮膚的「聽覺」

皮膚不但是觸覺所在，它還能夠感知那些高頻率的聲音。在生活中，有些特定聲音，比如說粉筆在黑板上發出的吱吱聲，或一支叉子摩擦盤子的聲音，都會讓我們產生特殊的感覺，有些聲音甚至會讓我們起雞皮疙瘩、出汗。實際上，那些令人不愉快的聲音，的確被耳朵聽到；但同時，它們也被分散在皮膚上的聲音感觸器捕捉到，刺激了交感神經系統的反應，引起汗毛豎起、肌肉收縮，並促進汗腺分泌。

⊙ 皮膚的「嗅覺」

每種動物的皮膚都可以分泌費洛蒙（pheromone），人體也不例外。費洛蒙是一種分子，當我們的大腦對此完全沒有意識時，它便可以透過嗅覺與其他生物溝通，傳達一些刺激反應，例如喜歡、害怕、侵犯、吸引等。鋤鼻器（vomeronasal organ）是一個被假設有能力感知費洛蒙的器官。

有些科學家並不相信這個組織結構是活躍的，但美國的解剖學家、費洛蒙研究的先鋒人物大衛．伯利納，對二十名男人和十名女人做了一個實驗。他觀察到：當鋤鼻器感知的合成費洛蒙為數不多，血液中的激素濃度也會改變。尤其是當男人吸入女性費洛蒙時，便會在生物化學反應的基礎上，記下幸福的感覺。

儘管這些假設還應該接受更為嚴格的科學證明，不過可以確定的是，皮膚發出的某些感覺訊號，確實是可以「只用鼻子」察覺。從前，醫生們為了確定與特定疾病相連的物質存在，也會嗅病人的氣味，中醫治療中的「聞診」即包括聽和嗅。

相關連結──男性皮膚比女性皮膚更慢衰老

相關科學家已經指出：相比女性皮膚，男性皮膚具有更強的抵抗力和延緩衰老性，因為雄性激素發揮了「營養」皮膚的作用。

據醫學研究顯示，男性的皮膚要比女性厚16%左右，另外還含有較多脂肪、脂肪性分泌物和豐富的膠原質，這些物質可以有效滋潤皮膚；男性的面部還有大量的汗毛和鬍鬚，幾乎每天都要刮鬍子，這在無形之中對面部進行了規律的皮膚神經刺激，有助於面部皮膚保持光滑。雖然隨著年齡的增長，這種積極因素也會逐漸下降，但男性皮膚的衰老並不像女性，一過更年期就變化得非常明顯。所以在日常生活中，可以看見許多雞皮鶴髮的老太太，但男性老人的皮膚常常相對較好。

人類的四種血型

血液抗原形式所表現的一種遺傳性狀，叫做血型。狹義來說，血型專指紅血球抗原在個體間的差異；但廣義的血型，應包括血液各成分的抗原在個體間的差異，因為現在已經知道除紅血球外，在白血球、血小板乃至某些血漿蛋白，個體間也存在著抗原差異。通常人們對血型的了解，僅局限於ABO血型以及輸血問題；但實際上，在人類學、遺傳學、法醫學、臨床醫學等學科上，血型都有廣泛的實用價值，具有著重要的理論和實踐意義。

⊙ 血型的發現

在人們發現血型之前，為了探索血液中的祕密，一代又一代的醫學家在神祕未知的領域中辛苦探索。儘管大自然不斷出現關於血液奧祕的啟示，但人類還是經歷了幾百年的艱苦歷程，才發現了血液的祕密。

蘭德施泰納（Karl Landsteiner）一九〇〇年在維也納病理研究所工作時，發現一個特別的現象：甲者的血清，有時會與乙者的紅血球凝固。但當時醫學界並沒有重視這一現象，不過它的存在，對病人的生命是一個十分危險的威脅。由此，蘭德施泰納對這個問題十分感興趣，並且開始了認真、系統的研究。

經過了長時間思考，蘭德施泰納終於意識到：會不會是輸血人的血液與受血者的血液混合之後，產生某種病理變化，才導致受血者死亡呢？一九〇〇年，他交叉混合了二十二位同事的正常血液，發現紅血球和血漿之間確實發生反應，也就是說，某些血漿可以促使另一些人的紅血球凝集。之後，他將二十二人的血液實驗結果，編寫進一個表格中，仔細觀察研究這份表格，終於發現，人類的血液按紅血球與血清中不同的抗原和抗體，可以分為許多類型。他最後把表格中的血型分成三種：A、B、O。蘭德施泰納指出，不同血型的血液混合後，會出現不同的情況，如可能發生凝血、溶血等現象。而如果是在人體內發生這種現象，就會危及人的生命。

一九〇二年，蘭德施泰納的兩名學生擴大了實驗範圍，參與實驗人數總共達到一百五十五人，他們發現，除了A、B、O三種血型之外，還存在著一種較為稀少的血型，後來稱為AB型。一九二七年，經國際會議確認，決定採用蘭德施泰納原定的字母命名，即把血型分為A、B、O、AB四種類型。凡是紅血球中含A凝集原（agglutinogen）者，其血型為A型；含B凝集原者，其血型為B型；含A和B兩種凝集原者，其血型為AB型；兩種凝集原都沒有者，則其血型為O型。至此，現代血型系統正式確立。

⊙ 對血型成因的推測

對於不同血型的成因，美國科學家彼得．達達莫博士（Peter J.D' Adamo）認為，人類的血型是由演化所決定。

我們的四種血型——O型、A型、B型和AB型——並非在所有人身上都同時出現，而是人類在不斷演化和在不同氣候地區定居下來後逐漸形成。在寒冷年代，草原上可食用的東西非常少，游牧部落為獲得新的食物，不得不適應新的地形。人體的消化系統和免疫系統也隨著新飲食結構的出現而改變，血型也隨之變化。

O型血的歷史最長，它大約出現在西元前六萬至四萬年之間。當時的尼安德塔人吃的簡單的飯食，如野草、昆蟲之類，還有從樹上掉下來、猛獸吃剩的果實。而在四萬年前，出現了克羅馬儂人，主要以狩獵為生。當他們獵光了所有的大型野獸後，就開始從非洲向歐洲、亞洲轉移。

A型血出現在西元前兩萬五千年至一萬五千年之間。當時，人從以果實為生，逐漸轉為雜食。隨著時間推移，農耕變成了現今歐洲人的主要生產方式，野獸也逐漸被馴養，人的飲食結構隨之變化。直到如今，絕大多數A型血的人都住在西歐和日本。

B型血出現在約西元前一萬五千年產生，當時東非一些人被迫從熱帶莽原遷徙，直到寒冷而貧瘠的喜馬拉雅山一帶。主要是氣候變化催生了B型血。蒙古人種身上最早出現這種血型，他們不斷向歐洲大陸遷徙，導致今天很多東歐人為這種血型。

AB型血是四種血型中最後出現的，它的出現還不足一千年。「攜帶」A型血的印歐語民族和「攜帶」B型血的蒙古人混雜，產生了AB型血。該血型的人繼承了耐病的能力，免疫系統更能抵抗細菌，但是他們更易患惡性腫瘤。

我們相信，人類很快會產生第五種血型，比如C型。人口過於稠密、自然資源所剩無幾、嚴重污染，這時原先那四種血型，也就是說，有好幾十億甚至上百億的人將無法抵擋這種日益加劇的生態災難，而會很快消失。

延伸閱讀——血型可以決定人的性格

經過日本學者的研究發現，血型在一定程度上決定著人的性格、氣質，甚至緣分。運用血型知識，可以幫助我們處理複雜的人際關係和協調戀愛、婚姻等家庭問題，還可以引導我們選擇職業等。

日本學者經過多年研究，認為血型有有形物質和無形氣質兩方面的作用。氣質是無形成分，血型的氣質表現是生物遺傳的結果，指的是這類血型的人特有思維方式、行為舉止、談吐風度等。比如：A型血的人熱情、坦誠、善良、講義氣，做事雷厲風行，踏實苦幹，效率高；B型血的人聰明、思路廣、拓展力強，但怕受約束。

除遺傳因素外，血型與性格的關係還受到出生地、生長、學習、工作環境等的影響，受到周圍人和事的影響，所以人們的性格才千差萬別。

日本學者曾經針對員工的分工問題研究了一個群體，得出的結論是：根據血型安排十分重要，比如：A型血的人適合與B型血的人搭檔，他們不但能順利交流，還能形成比較良好的氣氛；但是，A型血的人不適合與同血型的人合作，他們往往會挫傷對方，不易彌合。

但是，這種血型決定性格論，至今尚屬於一種科學推論或調查統計結果，還沒有得到確切的科學資料證實，相信隨著科技的發展，在不久的將來就可以得到明確的結論了。

人體中最大和最小的細胞

人體的細胞共約有四十～六十兆個，是人體的結構和功能單位，平均直徑在十～二十微米之間。所有細胞（除了成熟的紅血球外）都有一個細胞核，這些細胞核是調節細胞作用的中心。

成熟的卵細胞是人體內最大的細胞，直徑在零點一毫米以上；最小的細胞是精子，全長只有六十微米。在整個人體中，每分鐘就有一億個細胞死亡。

⊙ 最大的細胞——卵子

女性所特有的卵子，是人體中最大的細胞。卵子是生殖細胞，成熟的卵子呈圓球形，直徑約為零點二毫米～零點五毫米。雖然卵子很難被肉眼看到，但它確實是人體中最大的細胞。

那麼，卵子是如何產生的？

卵子產生於卵巢——我們通常所說的女性性腺。卵巢的主要功能除了分泌女性必需的性激素外，就是產生卵子。女孩在胚胎時期（約三～六孕週）時，體內就會形成卵巢的雛形。在出生前，卵巢中已有數百萬個卵母細胞形成，但是經過兒童期、青春期，到成年時也就只剩十萬多個卵母細胞了。卵母細胞包裹在原始濾泡中，在性激素的影響下，每月只有一個原始濾泡成熟，成熟的卵子再從卵巢排出到腹腔。一般來說，女性一生成熟的卵子約為三百～四百個，其餘的卵母細胞只能自生自滅了。

卵子在排出後大概可以存活四十八小時，在這短短的四十八小時內等待著與精子相遇、結合。如果卵子排出後因各種因素，而不能與精子相遇形成受精卵，便會在四十八～七十二小時後自然死亡。失去這次受精機會，只能等到一個月後另一個卵子成熟並被排出，重複同樣的過程。通常，左右兩個卵巢輪流排卵，在少數情況下，能同時排出兩個或兩個以上的卵子。如果它們分別與精子相結合，就出現了雙卵雙胞胎或者多卵多胞胎。

排卵之後，卵子並不會在腹腔內遊走很長的距離。輸卵管肌肉、繫膜及卵巢固有韌帶的收縮活動相互配合，這使輸卵管傘端與卵巢排卵部位十分接近。經常在手術時見到雙側輸卵管繞向了子宮後方，因此估計人的輸卵管捕獲卵子的功能，可能與其他哺乳動物相似。

主要是借助輸卵管傘端的撿拾作用，卵子進入了輸卵管。近幾年來，人們發現排卵的濾泡並非以暴力破裂的方式，將卵子沖入腹腔，而是濾泡液帶著卵丘細胞（Cumulus Cell）的次級卵母細胞，經過排卵點緩慢流出。排卵之後，由於助孕素（Progestogen）的作用，輸卵管傘端廣泛分散、充血，輸卵管收縮強度有所增加，另外由於傘端離排卵點很近，以及傘端大量纖毛的擺動，在幾分鐘內，卵子就被迅速送到了壺腹部。在輸卵管的狹部，輸卵管液流速較快，而在壺腹部的流速則非常慢，這樣有利於卵子在壺腹部停留，並在此處受精。卵子從卵巢排出之後，十五～十八小時之間的受精效果最好，如果二十四小時內沒有受精則開始變性。

⊙ 最小的細胞——精子

男性的精子是人體內最小的細胞。精子是男性成熟的生殖細胞，它在精巢中形成，通常十週之後才能夠成熟。

精子的樣子很像小蝌蚪，頭很小，僅僅長六微米；而其「尾巴」卻長達六十微米。這根長長的尾巴可以使精子奮力向前游動尋找卵子，並與其結合。精子活動速度非常快，當成熟有力的精子和卵子相遇，數百個精子會一齊把頭貼附在比它大很多的卵子上，尾巴向外，拼命擺動，奮力向裡面鑽。由於精子的運動，受精卵及其周圍的其它精子開始迅速轉動，就像是在跳生命之舞。

最後，通常只有最強壯的一個「幸運兒」才有幸成為卵子的入幕之賓。

人類的成熟精子，由含親代遺傳物質的頭和具有運動功能的尾所組成，共分為頭、頸、中、尾四部分。在穿透電子顯微鏡下，可以發現整個精子由細胞膜包裹，它的頭部有一個頂體和結構緻密的細胞核。去氧核糖核蛋白（DNP）是核中的主要成分，許多不育病人精子中的DNP量雖然正常，但是其化學組成異常。核內經常會有大小不等、形狀不規則的核泡，這可能是染色質濃聚的缺陷所導致，並不會影響受精。

新知博覽——人體能否離開激素

激素又被稱為荷爾蒙（hormone），它是人體分泌系統調節身體平衡的激素總稱。在人的全身內，分布有千百種不同的激素，如雌性激素、胰島素等，幫助人體器官之間相互協調，促進生長發育、生殖等人體功能。激素不但主導了女性月經週期，更是人體健康的基礎，激素失調便會生百病，所以說，人離不開激素。

激素意思是「啟動」，源於希臘文。後來學者將其定義為：由內分泌器官產生，再釋放進入血液循環，並轉運到器官或組織中，發揮一定作用的微量化學物質。每個內分泌腺都能產生一種或一種以上的激素，激素大體上有五類化學成分，即蛋白質、多肽、醣蛋白（Glycoproteins）、類固醇及氨基酸。不同種類的激素，成分也不同，功能自然也各不相同。人體產生的各種內分泌激素的數量極小，如在一百毫升的血液中，生長激素不到一微克，但對人體卻有巨大的影響。如果缺乏足夠的生長激素，人就很難長高，成為侏儒症患者，到成人時身高還不足一百三十公分。

細胞在人體內激素充足時生長迅速，新陳代謝旺盛，人體內的所有器官都會生機蓬勃，對抗每一天的壓力時有充足的體力；與各種病菌戰鬥時，體內也有足夠數量的細胞，人才會有精神，保持健康。

大腦神奇的記憶功能

我們常常會回憶起很多往事，比如童年時代的趣事，歷歷在目。那麼，我們為什麼能記住那麼多的事情呢？人的大腦又是如何記憶的呢？

記憶，簡單說，就是過去經歷過的事物在大腦中的反映。根據現代資訊理論的觀點，記憶就是在外部的刺激下，被感知到的資訊傳入大腦，然後大腦中會留下化學（或其他的）痕跡，這些痕跡能保留一定的時間而不消失。如果我們想再現在這段時間裡輸入的資訊，只要回憶一下就行了。概括說，資訊的儲存就是「記」，資訊的再現就是「憶」。

不僅人類，其它有神經的動物也都有一定的記憶功能，包括牛、羊、雞、狗、貓、昆蟲等等。如果沒有這些本領，牠們在離家出走後肯定回不來。

⊙ 大腦，人體的司令部

現代的解剖學已經證實，人的大腦是神經系統的主要部分，是思想活動的基礎，是人體的最高司令部。

人體的肌肉活動在運動或勞動時都會加強，並在動作上保持協調一致，同時，內臟器官也會密切配合，比如呼吸加深、心跳強勁有力、血液循環加快、新陳代謝率提高等等，即使在寒冷的冬天，人也可以因肌肉活動而滿身大汗。人體的器官複雜精細，它們之所以可以有條不紊、協調一致運作，便是依賴大腦的調節。

大腦是人體最重要的器官，也是最關鍵的思維器官。大腦又分為左右半球，大腦半球的表面被稱為大腦皮質，每一大腦半球的表面（大腦皮質）又分為額葉、頂葉、枕葉和顳葉等部分。身體各部分的運動和感覺等機能，在大腦皮質都有各自的代表區，比如運動區位於額葉後部，體感區（觸、壓、冷、熱等感覺）位於頂葉前部，視覺區在枕葉後部，聽覺區在顳葉上部。

兩個大腦半球管理著身體的對側部分，即右腦半球管理左側身體，左腦半球則管理右側身體。所謂的「半身不遂」，大多數原因，都是大腦半球通向身體的神經受到損傷；而且，在臨床醫學上，人腦的死亡，一般被用來確定人的徹底死亡。這是因為，即使當人的心跳、呼吸全都停止後，大腦皮層仍能忍受五分鐘左右的缺氧時間，如果能及時有效搶救，人腦仍可能恢復功能。這就是說，只要大腦沒有真正死亡，人就有復活的可能。但假如大腦、小腦和腦幹的功能全部喪失，那麼人就真的死亡了。

現代人的大腦，是人類在一百～兩百萬年間與大自然的鬥爭中逐漸演化而來。呼吸、心跳、體溫、進食、感覺、運動等，這些人的各種生命活動，都是在神經系統的協調支配下有條不紊。

對於人類特有的語言、思維、情感等，更屬於大腦高度發達的產物。正是人腦的這些特性，才使人類區別於其他動物，被稱為「萬物之靈」。腦精密、複雜、奇妙，直到現在，它仍然有許多不解之謎，等待我們繼續探索。

⊙ 大腦的記憶功能

大腦有神奇的記憶功能，隨著科學技術日新月異的發展，人們對記憶也有越來越深入的認識。有科學家認為，記憶力與乙醯膽鹼（Acetylcholine）有密切的關係，該化學物質具有傳遞資訊的功能。假如讓產婦服用一種可以分解人體乙醯膽鹼功能的藥東莨菪鹼（Scopolamine），產婦就會失去手術的記憶。美國醫生曾進行過臨床實驗，當老年人出現記憶力衰退的現象，服用定量的乙醯膽鹼，可使記憶力有所好轉，同樣表明：乙醯膽鹼確實與記憶有關。

瑞典神經化學專家海登（Holger hyden），於一九五八年首次提出了記憶儲存在蛋白質分子（或多肽一蛋白質片段）裡的理論，隨後進行的若干實驗似乎也證明了這一點。例如曾有科學家發現：未受過記憶訓練的大白鼠，腦細胞中的蛋白質、多肽含量，比受過訓練的大白鼠的要低很多。又進一步提出，記憶就是腦細胞中多肽分子迅速形成的結果，一種記憶就代表著多肽分子的一種排列組合順序。

部分科學家對這種觀點並不認同，他們重新做了實驗，卻發現有三分之二的大白鼠效果不明顯。海登的「蛋白質分子記憶」學說面臨著極大的挑戰。

總之，要想打開大腦記憶的「密碼鎖」，並非一件容易的事。當前，許多腦專家和化學專家研究的焦點是：記憶究竟涉及哪些物質？它們是怎樣工作的？不同事物的記憶區域究竟在人腦的哪些部位？記憶超群的人與一般人為什麼會有差別？這些差別主要體現在哪些方面？等等。至今這些問題還都沒有結論，日本也已把腦科學列為二十一世紀重大科學研究課題之一，正不遺餘力鑽研這方面的研究。

延伸閱讀——大腦越用越聰明

有些人常常擔心「用腦過度」會對身體健康有損害，甚至縮短壽命。實際這種顧慮完全沒必要；相反，人腦會越用越靈活。

研究證明，經常用腦，會讓大腦越來越發達，會讓腦血管一直處於供血狀態，這就促使腦神經細胞處於興奮狀態，從而成長；相反，如果不經常用腦，腦神經細胞反而會加速衰老。要知道，人的大腦皮層總共約有一百四十億個神經細胞，而普通人在一生中僅僅用了其中的十億個左右。可以說，人腦還有絕大部分潛力沒被開發。美國科學家研究也指出，如果一個正常人能始終好學不倦，那麼他的腦子一生中儲藏的各種知識，將相當於美國國會圖書館藏書量的五十倍（而該館藏書已達兩億冊左右）。由此可知，人腦的儲存資訊能力是多麼的驚人了。然而，即使記憶力最好的人，受各方面因素的影響，也還沒有達到這個記憶量的百分之一。而且人到了三十歲以後，大腦神經細胞就會逐漸以每天壞死十萬多個的速度減少。

總之，勤於動腦，大腦就會保持青春，否則就會反應遲鈍，甚至有癡呆的可能。據調查研究顯示：多用腦的人，智力一般比懶散者高出百分之五十；與智力活動少的老人相比，學歷以及職業智力水準高的老人，一般在腦的老化以及智力衰退方面，也要慢且輕微得多。

人體血液循環之謎

人體內的血液怎樣流通循環？幾千年來，人們為尋找這個問題的答案不斷探索；然而，為了揭開人體血液流動的祕密，科學家花了兩千多年時間，期間也付出了血的代價。

⊙ 對血液的不斷探索

在古籍《黃帝內經》中就有「心主身之心脈」、「諸血皆屬於心」的說法；而古希臘學者希波克拉底（Hippocrates）認為，血管運動引起脈搏，而且血管連通心臟；而西元前四世紀的古希臘哲學大師亞里斯多德則認為，心臟透過血管運送血液，不過血液只存在於靜脈中，動脈裡充滿著由肺進入的空氣。

到了西元二世紀，古羅馬名醫蓋倫（Galen）透過解剖動物活體，研究血液運行的情況。他把活的動物的一段動脈上下兩頭結紮，然後剖開，發現動脈裡不是空氣而是血液，但他認為心臟只有兩個心室。

文藝復興時的科學家達文西，也悄悄解剖過三十多具屍體，第一次畫出了優美而準確的心臟瓣膜圖。他發現心臟是有左心房、右心房、左心室、右心室四個腔，而不是蓋倫說的只有左心室、右心室兩個腔。

西園一五三三年，法國科學家塞爾維特（Michael Servetus）的一部書祕密出版。他在書中第一次提出人體心臟與肺部之間的血液小循環——肺循環，這是一個重大的發現。但教會認為這是異端邪說，甚至宣布他為異教徒，並處以火刑。一五三三年十月二十七日，塞爾維特在日內瓦被活活燒死。

義大利醫學家法布里休斯（Hieronymus Fabricius）與塞爾維特同時代，他在一五七四年發表了《論靜脈瓣》一書，指出靜脈中有瓣膜存在，就好像水閘門一樣，能控制血液朝心臟方向流動。

但找到血液流通的途徑，要到十七世紀，由法布里休斯的學生威廉·哈維（William Harvey））發現。

⊙ 哈維發現血液循環原理

西元一五七八年，哈維生於英國肯特郡，天資聰穎，勤學好問。十六歲時就以優異的成績考入著名的劍橋大學，攻讀文學、哲學、醫學和自然科學。經過刻苦的學習，哈維三年後獲得文學學士學位，但由於學習生活過分緊張，他病倒了，只能返鄉治病。母親為他請來一個江湖醫生，當時的醫療水準還很落後，「治療」方法只有放血。哈維飽受病痛的折磨，長期臥床，這時他暗下決心，立志棄文從醫（與魯迅先生正好相反），在醫學方面做一番事業，造福於民。

一六〇〇年，哈維身體剛剛康復，就來到義大利帕多瓦大學求學，並有幸成為著名醫學家法布里休斯的學生。一六〇二年，他獲得了帕多瓦大學醫學博士學位。

哈維的研究重視實踐，他先後解剖了八十多種動物，在詳細研究各種動物的血液循環後，又把精力集中到人體，進行了著名的結紮實驗（就是用繃帶紮緊人的動脈），結果發現：結紮上方、靠心臟那段的動脈鼓了起來，而且每心跳一次就有一次脈搏；相反，在結紮的下方（即遠離心臟那一段動脈）就會扁掉，沒有血液，也沒有脈搏。這個實驗證明，血液是由心臟流來。哈維又透過結紮實驗來觀察靜脈，情況剛巧相反。透過一系列的實驗，哈維認定動脈血是從心臟流出，靜脈血流入心臟；而血液在血管中，始終朝一個方向流動。

哈維還定量研究過人體血液循環作，仔細測量計算人體血液後，發現每一心室的血量約為兩盎司（約五十七克），心跳每分鐘約次，一小時內排血約為八千六百四十盎司，大約合五百四十磅，是一個成年人體重的三~四倍。說明血液在不斷循環，從動脈流出心臟的血，又透過靜脈流回心臟。

那麼，血液是怎樣循環的呢？

哈維發現，心臟就是一個天然的「泵」，收縮時會把血液壓出進入動脈；當舒張時，裡面又會流滿血液。血液總是從左心室流出，然後經過主動脈流遍全身，再經過靜脈流入右心房，經過肺循環流回左心房。如此周而復始，反復不已，構成了人體的血液循環。

一六二八年，哈維出版了《心血運動論（Exercitatio Anatomica de Motu Cordis et Sanguinis in Animalibus）》，正式宣布結論，結果遭到了教會和保守勢力的強烈反對。但真理畢竟是真理，科學一定會戰勝神學。透過實驗，哈維當場駁倒了一大批神學家。

哈維的發現如同一盞明燈，照亮了近代醫學。曾有英國科學家說：「血液循環的知識在醫療實踐中的地位，就像羅盤在航海中的地位一樣，沒有它，醫生就會處於迷茫恍惚之中，無所依據。血液循環的發現，是生理學上至今還無可比擬、最重要的發現，一定會為今後各個世紀人類的利益結出碩果。」

不過，哈維的學說也為人們留下了一個疑問，那就是血液是怎樣從動脈流回靜脈？哈維猜想，一定有不易察覺的血管網，存在於動脈和靜脈之間。但因為當時沒有顯微鏡，因而也無法證實這一假說。

哈維死後四年，義大利醫生馬爾皮吉（Marcello Malpighi）揭開了這個謎。透過顯微鏡觀察青蛙的肺，證實了在動脈和靜脈之外，還有無數肉眼看不見的微血管。正是這些微血管，將動脈和靜脈連接成一個密封管道，使血液在其中周流不息。

相關連結——血液的顏色

雖然絕大部分人的血液都是紅色，但也有鮮紅色和暗紅色之分。人的血液之所以呈現紅色，是因為血液中含有血紅素，並而有所差別，是因紅血球中含氧量不同。鮮紅色的動脈血含氧量多，暗紅色的靜脈血含氧量少。如果含較多的高鐵血紅素或其他血紅素衍生物，則呈紫黑色。因血漿（或血清）含少量膽紅素，所以呈透明淡黃色；如果含乳糜微粒，則呈乳白渾濁；若發生溶血，則呈紅色。

但人的血液也不全是紅色，幾千個人中常會找到一個人具有異常的血紅素。這種異常血紅素是在突變後，使珠蛋白（globin）分子中的某一氨基酸，被其它種類的氨基酸所替代。雖然M抗原異常血紅素中，也存在有血紅素和鐵的結合，但如果在這種結合的附近，出現了某個被替代了的氨基酸，那麼這種血紅素不僅不能和氧結合，還會改變顏色，使這種Hb（血紅素）成為咖啡色，含有這種血紅素的血液就成為暗紅色。含這種血液的人的唇、面頰、耳垂、指甲和口腔等均呈紫色，所以也叫黑血症。

此外，還有藍色的血液。據報導，一位美國科學家在喜馬拉雅山考察時，發現在空氣稀薄海拔六千公尺以上的地方，一些人有著藍皮膚，他們身體健康，還能從事繁重勞動；無獨有偶，在非洲西北部一個與世隔絕的山區，一支考察隊也發現了一個龐大的藍皮膚家族。他們過著狩獵和穴居的原始生活，更奇特的是，他們的皮膚和血液都是藍色！

睡眠的奧祕

與所有的動物一樣，人也必須保證「吃喝睡」，這是最基本的生理需求。人的一生當中，有將近三分之一的時間花在睡眠上，可見睡眠對我們多麼重要。

⊙人為何要睡眠

法國研究人員在一九〇七年宣布了一項計畫：他們想方設法，讓一些狗連續六～十五天無法睡眠，然後抽出這些狗的腦脊髓液，注射到其他清醒的狗體內。結果發現：接受注射的清醒狗很快就睡著了。於是他們得出結論，這種存在於長期不睡覺的狗、腦脊髓液中的物質（人稱「睡素」），就是大家要尋找的「瞌睡蟲」。不過由於當時無法進一步提煉出「睡素」，所以也沒有找到「瞌睡蟲」的原形。

一九六三年，又有人重複了這些實驗，不過研究對象變成了兔子，並改進了實驗方法，並成功發現了一種存在於動物體內的「睡眠激素」——睡眠肽。

但有人反對這種說法，因為曾經有一名有頭、手、腳，以及獨立的神經系統的雙頭女，她們僅有一個共同的軀幹，雖然她們的血液循環系統聯成一體，但她們並不同時入睡，常常這個睡著，另一個還久久不能入睡，這很明顯與結論相悖。

因此，目前科學界還沒有對睡眠的真正原因得出一致的結論。有人認為，睡眠可以降低大腦和身體的溫度；也有人認為，睡眠可使人體的免疫力增加。而目前人們所持的一般看法是：大腦這個司令部指揮我們的一切活動，而我們的活動則是透過遍布全身的神經進行。腦細胞在消耗大量能量後會疲勞，自動從興奮狀態轉入抑制狀態，這是我們身體的自衛本領之一。這樣在睡過一段時間後，人的能量就能重新積聚，從而利於消除疲勞，也有利於勞動和再學習。據說，經驗和記憶也是透過睡眠才保存下來。事實上，睡眠是腦、整個神經系統以至全身，最徹底的一種休息方式。

❶ 睡眠不足的危害

當今社會，人們的生活節奏普遍加快，都市人普遍睡眠不足。專家提醒，睡眠不足對健康的危害甚大，不應該等閒視之。

首先，當睡眠不足時，大腦的創造性思維會受到影響。研究人員發現，人的大腦要思維清晰、反應靈敏，就必須要有充足的睡眠。如果長期睡眠不足，從而使大腦無法充分休息，就會影響大腦的創造性思維和處理事物的能力。

其次，人體的生長發育會受到影響。除了遺傳、營養、鍛鍊等因素外，人體的生長發育還與生長激素的分泌有一定關係。作為下丘腦分泌和一種激素，生長激素能促進骨骼、肌肉、臟器的發育。由於其分泌與睡眠密切相關，在人熟睡後有一個大分泌高峰，隨後又有幾個小分泌高峰，而在非睡眠狀態，生長激素分泌減少。所以青少年要想發育好，長得高，必須保證充足的睡眠。

再次，皮膚的健康會受到影響。之所以人的皮膚柔潤有光澤，是因為皮下組織的微血管提供了充足的營養。睡眠不足會導致皮膚微血管瘀滯，循環受阻，使皮膚的細胞得不到充足的營養從而使皮膚的新陳代謝受到影響，皮膚加速老化，使皮膚顏色顯得晦暗而蒼白。

睡眠不足還會導致疾病發生。經常睡眠不足的人容易憂慮焦急，免疫力降低，由此導致疾病發生，如神經衰弱、感冒、胃腸疾病等。而且血中膽固醇含量增高有時也與睡眠不足有關，心臟病的機會也會增加；人體的細胞分裂多在睡眠中進行，睡眠不足或睡眠紊亂，會影響細胞的正常分裂，由此有可能產生癌細胞的突變而導致癌症的發生。

此外，睡眠不足還可引起肥胖。有資料顯示：睡眠不足會使人體內消脂蛋白濃度下降。作為在血液系統中活動的一種物質，消脂蛋白具有抑制食欲的功能，能影響大腦決定是否需要進食。睡眠不足同時能引起人體內食欲激素濃度的上升，增強人的進食欲望。

看來，人要防止疾病、永葆青春，除了要保持心情愉快之外，睡眠充足也是有效的方法之一。

⊙ 人的正常睡眠時間是多少

人的一生雖然都要睡眠，但睡眠時間卻會因年齡的不同而有所差異。

一般來說，睡覺幾乎是新生兒整天的活動；兩～四歲的孩子，一天內大約有一半的時間用來睡覺；五～六歲時，孩子每天要睡十一小時左右；七～十四歲的孩子每天需睡十小時；十五歲以後的孩子睡眠時間與成人就差不多了，大約每天八小時即可；到六十歲以後，睡眠時間則更少，常常降到六小時以下，甚至更短。據統計，二十五歲左右的健康人的睡眠時間平均為三百八十六點三分鐘，而古稀老人則只有三百點五分鐘。

古語云「日出而作，日入而息」，說明古時候睡眠時間相對要多。電燈發明以後，人們的生活規律被徹底改變了，現代人要過夜生活，電影和電視也使人放棄睡眠，讓人們變得興奮無比。人們總想努力趕走睡神，造成睡眠時間的減少。根據調查，在一九六〇年，日本國民的平均睡眠時間是八小時十三分，一九七五年為七小時五十二分，十五年間縮短了二十一分鐘，日本女性的睡眠時間則更少，一般要比男子少半個或一個小時。作為給人「加油」、「充電」的一種方式，睡眠是補足精力，以利再戰的一種「最佳營養品」，所以少睡對身體極為不利。

不過，睡眠時間也因人而異，大多數成年人一般睡八小時，但也有人不必睡足八小時即可，這主要與長期養成的睡眠習慣有關。研究證實：生活習慣、體質、職業，乃至遺傳等多種因素，都決定一個人需要多長的睡眠時間。科學家發現，巴西赤道附近居住著的土著，數百年來一直保持著每天睡四小時，因為那裡全年悶熱，夜間難以入眠。長期的短睡並未導致他們白天害困，這是因為「習慣成自然」；在北極地區居住的因紐特人，每天要睡足十一小時，不然他們就會白天哈欠不斷。這是因為北極有半年的永夜，這一特殊的自然環境造成了因紐特人的「貪睡」。

許多材料記載，大多名人睡眠較少，這可能源於他們的責任心和進取心。例如，彼得大帝每天只睡五小時；發明家愛迪生常常每天只睡兩～三小時，卻仍然精神百倍；拿破崙、雨果、路易十四、邱吉爾、柴契爾夫人……歷史上和當代的許多名人，每天睡眠時間都很少，不足五小時。更典型的是科學家和大畫家達文西，傳說他為了盡可能擠出時間研究科學和藝術，限定自己每天只許睡一小時半，並定下了了詳細計畫──「分段多次睡眠法」：每四小時打瞌睡十五分鐘。假如此說可靠，那麼在當時的生活、醫療條件下達文西能夠活上六十七歲，也屬奇蹟了；而著名科學家愛因斯坦與此形成鮮明對比，他每天非要睡上十小時不可。

經過一系列的睡眠調查後，從八十萬份問卷中，美國和德國的科學工作者發現：每晚睡眠十小時的人，易突發心臟病或中風，壽命也較短，而僅睡七小時的人則壽命更長，且不易患病。這可能是因為睡眠過多，造成血液流動緩慢。

由此看來，過長時間的睡眠對身體也沒好處，至於人究竟該睡多長時間，還得從健康出發，因人而異。

相關連結——噩夢可以預示疾病

在古代醫書《靈樞．淫邪發夢篇》中，曾詳細論述夢境與臟腑虛實的關係，歐美醫學家也會透過分析夢，預測某些人體疾病及其發生部位。據說疾病導致人體組織內生化的改變，會破壞體內血清素的平衡，這種白天大腦無暇顧及的疾病初起的微弱資訊，在睡夢中就會反映出來。因此，同一個情景反復出現的夢，稱為「預兆夢」。

比如，患有高熱病，可能會經常夢見自己騰雲駕霧；患有心血管疾病，會經常夢見自己從高處跌下，但始終掉不到地面上；經常夢見自己被關進黑色的籠子或箱子內，氣喘不來，表明可能患有呼吸道疾病；冠心病及心臟病患者，往往夢到被追逐，心中恐懼卻無法喊叫出聲，結果會突然驚醒；經常夢見自己在行走時，背後突然被人刺了一刀或踢了一腳，可能是患有泌尿系統疾病，尤其是患泌尿系統結石；常夢見自己身負千斤、重擔登山，表明可能是胸腔積液，或患上肺炎、肺結核等疾病；經常夢見自己進食腐魚爛蝦，通常是胃腸疾患的徵兆；經常夢見自己與人發生口角，甚至夢囈中出現罵聲或呼叫聲，表示可能患有寄生蟲病；經常夢見自己頭部被人用利器戳擊，或被悶棍打擊，可能已患有腦部腫瘤；經常夢見蜘蛛、毒蛇等纏身，可能是皮膚將起皰疹；婦女常夢見小孩將她的乳房咬得疼痛無比，表示有可能患了乳房疾病；夢見肚子被蛇咬，可能患了潰瘍病等等。如果發生了此類情況，最好到醫院作些必要的檢查，有病治病，無病預防。

綜上所述我們可以看出，噩夢的確有預示疾病的可能。不過這種預示作用的確不足，它缺乏統一象徵，準確性也不高，而且在數量上都被不同程度的放大。而且，至今還沒人能夠完全根據夢境診斷疾病。因此，噩夢對疾病的預示，只能稱得上是一種提示，並為醫生提供一些參考，而不能作為判斷疾病的準確證據。

神祕的夢遊現象

作為一種常見的生理現象，夢遊的方式也五花八門，既有尋常的，也有離奇的夢遊。

⊙ 夢遊有哪些離奇表現

在夢遊時，人會不自主從床上突然爬起，胡言亂語；甚至有條不紊穿好衣服做飯；或跑到外面繞了一圈後，又回來接著睡，次日醒來，卻對夜間發生的事沒有任何記憶。據報導，有個醫學院的學生得了夢遊症，常常獨自在夜間起床走到解剖室，破門後咬食屍體的鼻子，然後再回到宿舍躺下睡覺。後來，學校發現許多屍體的鼻子不見了，經過調查，才真相大白。

夢遊的時間長短也不同，據說有一位法國的夢遊症患者，竟一次夢遊了二十年之久。一天晚上，他熟睡之後突然爬起來，離開了妻子和五歲的女兒，來到倫敦，並在那裡找了工作，娶妻生子；二十多年後的一個晚上，他一下恍然大悟，便急匆匆返回法國。第二天早晨，阿里奧才一覺醒來，他的法國妻子看到了白髮蒼蒼、失蹤二十多年的丈夫，悲喜交集問道：「親愛的，你逃到哪裡去了？二十多年來音訊全無。」可是，阿里奧卻伸了個懶腰，若無其事地說：「別開玩笑！昨天晚上我不是睡得好好的嗎？」這聽起來實在像一個傳奇。

據統計，在全球人口中，夢遊者的人數約占百分之一～百分之六，其中大多是兒童和男性，尤其那些活潑與富有想像力的兒童，大多都出現過數次。而患有夢遊症的成年人，大多是兒童時代就會夢遊的人。如果將僅出現一次夢遊的兒童也算進去，有四分之一的人出現過夢遊。一般來說，夢遊對於兒童不算大毛病。相比之下，成人夢遊則少得多，但成人夢遊通常是一種病態行為。

⊙ 夢遊是怎樣形成

過去，世人對夢遊一直存在誤解，大都認為夢遊者是魂不附體或鬼怪上身，使得夢遊症籠罩著一層神祕和恐怖的面紗。經心理學和生物學兩方面的深入研究，現在證明，夢遊其實只是一種比較常見的睡眠障礙而已。

那麼人為什麼會夢遊呢？關於夢遊症的成因有兩種理論，不過都缺乏充足的證據。

一種是催眠理論。在創立催眠術時，梅斯梅爾（Franz Anton Mesmer）就發現，被催眠者往往會出現夢遊症狀。根據現代催眠態的分類標準，夢遊是催眠可導致的最深狀態。當被催眠者進入夢遊狀態以後，催眠師可以命令被催眠者做一些日常事務，被催眠者就能夠像正常狀態下那樣順利完成。催眠之所以能發揮這樣的作用，是因為根據言語暗示，在大腦中樞產生一個興奮中心，同時抑制其他部位的活動。夢遊也是如此，有一部分大腦中樞會興奮起來，而其他部分則還在睡眠之中。從催眠狀態醒來以後，患者會忘記催眠過程中所發生的一切。正如被催眠者一樣，夢遊者不過是排演一次預先設計好的劇本。當然，這只是一種近似比喻的解釋。

另一種理論是精神分析論。佛洛伊德認為，夢遊表現為一種潛意識壓抑的情緒，在適當時候的發作。確實，夢遊患者總是有些痛苦的經歷，透過精神分析的理論，我們可以很直觀解釋夢遊症：本我力量積聚到一定程度時，會衝破自我的警戒，而面對氣勢洶洶的本我力量，值勤的自我只可逃避不管，有個別值勤的自我還被拿來幫忙，因為人的言行都是自我的職責。本我任性一陣以後，消耗了不少能量，自我的值勤者就會把本我趕回。而為了逃避超我的懲罰，自我的值勤者隱情不報，結果夢遊者醒來後，便對發生過的事一無所知。雖然這種解釋看起來有點荒誕，但從邏輯上能夠講通。

⊙ 夢遊的緩解與治療

由於夢遊可能會帶來一定的危險，並造成別人的不安，影響到當事人的心身健康，因此最好還是預防和治療。

夢遊症的治療，必須要心理治療和藥物治療同時進行。兒童易出現夢遊，所以不必過於驚恐，絕大部分人的中樞神經系統，隨著年齡的成長發育成熟，夢遊也就不治而癒。如果一週出現三次以上，病情可能會進一步延續到成年。總之，家庭要給他們營造一個溫暖安全的生活環境，避免不良心理刺激，並要進行如門窗加鎖、房內不生火、不放危險物品等必要的安全防範。一般在患者夢遊期間不主張喚醒他，以免出現過分反應。

同時，還應根據患者的不同年齡，輔以適當劑量的鎮靜安眠藥物，如安定（Diazepam）、安定（Meprobamate）、利眠寧（Librium）等。據報導，患者在醫生的指導下，於臨睡前口服三環類抗憂鬱劑（Imipramine），也非常有用。

相關連結——人做夢是因為睡眠不佳嗎

現在很多人存在一種認識上的誤解，認為睡覺做夢不利於健康，休息品質不好；其實，做夢是人體一種正常、必不可少的生理和心理現象。因為大腦在人入睡後，仍有一小部分細胞繼續活動，這就是夢的基礎。

科學家曾做過一些阻斷做夢的實驗：每當睡眠者出現做夢的腦波時，就立即將其喚醒，阻止夢境繼續。實驗結果顯示，人體的一系列生理情況，會因為夢被剝奪而產生異常，如自主神經機能有所減弱，血壓、脈搏、體溫及皮膚的反應能力呈增高的趨勢，並伴有焦慮不安、緊張、易怒、感知幻覺、記憶障礙、定向力障礙（disorientation）等一系列的不良心理反應。由此可見，正常的夢境活動有助於保證有機體的正常活力。

右大腦半球在人做夢時占優勢，覺醒後則是左大腦半球占優勢。在晝夜活動過程中，人體又只有使左腦和右腦交替休息，才能保持神經調節和精神活動的動態平衡。因此可以說，做夢對於協調人體心理世界的平衡，尤其是注意力和情緒方面，十分有利。

需要注意的是，無夢睡眠的品質，非但不代表高，還可能是大腦受損害或疾病的徵兆。大腦健康發育保持正常思維，還是需要做夢，如果大腦調節中心受損，人就不會做夢，或僅出現一些夢境片斷。假如長期處於無夢睡眠狀態，我們就需要提高警惕了。

綜上所述，做夢是一種很正常的生理現象，並不是睡眠不佳的表現。

人類長壽之謎

長壽一直都是人類的目標，雖然人們一直千方百計尋覓延年益壽的妙方，結果卻令人失望。現在，人的平均壽命隨著醫學的進步大大提高，而醫學的進步也讓人們對長壽充滿渴望，科學工作者也在努力研究，希望能夠揭開長壽之謎。

❶ 人的最終壽命是多少

在現實生活中，百歲壽星如今已不是稀罕事。那麼一個人正常情況下，壽命應該是多少呢？

美國生物學家海佛烈克（Leonard Hayflick）曾提出以現代生命科學解釋人類衰亡現象的權威學說——「海佛烈克極限論」。該學說指出：人類的正常細胞，大約分裂五十代後就停止分裂而死亡，並得出細胞分裂一代的週期約為二～二點四年。根據他的理論我們可以推算，人類的平均壽命應在一百～一百二十歲之間。

然而遺憾的是，大多數人根本無法達到這個理想水準。世界衛生組織宣稱：每個人能否健康長壽，社會因素占10％，醫療條件占8％，氣候因素占7％，而其餘的60％則取決於自己，說明了個人因素在健康長壽中的重要作用。

⊙ 影響人的壽命的因素

影響人類壽命的因素有先天和後天兩種。

先天因素主要與遺傳相關。人的壽命由人體自動調節基因綜合體所控制。一些資料表明，年齡越高的人群，家族的長壽率越高，如家族長壽率在八十~八十四歲的老年人群中為52%；而在一百零五歲的人群中為71%。通常女性壽命要高於男性，主要由於與男性相比，女性的能量代謝要低30%~40%，而高能量代謝可使人減壽。男性染色體為XY，女性為XX，因而女性不易患遺傳性疾病，且女性應有雙倍的X染色體基因，不易患傳染病與癌症等，抗病能力強。而且女性造血能力也比男性旺盛，而對於心血管系統，女性的雌性激素又有保護作用。

後天因素主要與社會、疾病、營養、環境及生活習慣等因素有關。其中包括自然環境與社會環境的生活環境，在調查兩百二十一位人瑞後發現，身居鄉村的占62.4%，身居城市的占37.6%，前者明顯高於後者。鄉村有著良好的自然環境，空氣新鮮，污染少，周邊寧靜，適於老人休息，且多攝取山泉水或井水，水質潔淨；城市則空氣污染，周邊嘈雜，不宜老人休息，且社會環境複雜，有很多惹人心煩的事，影響正常心理狀態。國際自然醫學會的研究人員曾進行了四次考察，研究自然氣能（生命能）。研究發現，人瑞食物氧化還原值提高，也就是說人瑞除了生物遺傳外，與居住環境、食物結構有密切關係。

其次，一個人樂觀、心理平衡、情緒愉快，則免疫系統功能好，抵抗力增強，不易生病。根據當代心理免疫學，抗病能力可以因為積極的心理狀態而得以增強。對兩百二十一位人瑞的觀察，心態好的占80.4%，可見其對延年益壽的重要性。在人瑞中，家庭和睦、兒孫孝順的占62.0%，說明心情愉快有益於長壽。

人體的健康還需要經常活動，運動鍛鍊能強身健體，消耗體內多餘熱量，從而使體重穩定。對兩百二十一位人瑞觀察發現，堅持勤勞與運動的占79.2%，這充分說明運動的重要性。

健康長壽還需要有規律的生活。人體記憶體在生理節律，體內器官的活動與生理節律的運行互相協調，如果打亂了生活規律，就會導致身體不適。而有規律的生活可使有些生理機能形成條件反射，出現動力定型，有利於延年益壽。

此外，煙酒問題也會影響人類壽命。在調查的兩百二十一位人瑞中，吸煙的只有七人，三十五人喝少量的低度酒，不到16%。煙對健康有害無益，而少量飲酒則對身體有一定益處，可活化血脈，促進器官血液循環，但過量也會傷身。

總之要想減緩衰老，延年益壽，需首先保持身體健康。世界衛生組織提出了人類健康的四大基石：合理膳食，適量運動，戒煙限酒，心理平衡。為此，我們要善於調理自己的日常生活，注意飲食方式、衛生習慣和吃容易消化、低脂肪、含高蛋白、多維生素的食物，少吃鹽。

相關連結——低溫可以長壽

研究指出，人體體溫與基礎代謝有密切的關係。代謝率會隨著體溫下降而下降。當體溫降至攝氏三十度時，人體的代謝即可降低50%，有機體的耗氧量僅為正常的一半。在長壽學的研究中，有一種「生活能」消耗學說，即每個人都有其特定的生存能，一旦釋放完畢，生命即告結束，此人也就壽終正寢了。

因此要想長壽，必須讓生命能緩緩釋放。之所以寒帶低溫環境中的人能夠長壽，就是因為環境溫度低，生命能釋放較慢。專家指出，人的體溫若能降低攝氏兩～三點五度，壽命可由目前的七十多歲延長到一百五十歲。美國更有學者在設計一種可將體溫降低攝氏二十二度左右的「速凍冷床」，如獲成功，人可以活到兩百歲。

美國生物化學家曾試製了一種叫做特製冷房的冰箱，可以使人的體溫降至攝氏十五度左右。每晚在冰箱睡覺，次晨冰箱會自動升溫至攝氏三十七度，人可以照常生活、工作。儘管它的效果還有待實踐證實，但許多人對睡冰箱可長壽已經充滿了信心。

人的肢體能否再生

不少動物的肢體再生本領很強，比如在被人抓住尾巴時，壁虎會迅速一扭身體，切斷尾巴，然後乘機逃走，不了就會重新長出一條尾巴；章魚如果被敵害咬住腕足，肌肉就會迅速收縮，被咬的地方也會脫落，當敵人狼吞虎嚥時，章魚便悄悄溜走了，而牠的傷口也會很快癒合，並再生出新的腕足。

但是，人的手、腳傷殘後，就變成了殘疾人，再也長不出來，因此人們常常會羡慕動物的肢體再生能力，也思考這樣一個問題：人的肢體有沒有可能再生呢？

❶ 對人類肢體再生的探索

科幻小說家多年前，就曾多次在作品中精彩描述人體的肢體再生：一個人的某部分肢體在意外中喪失，不久又奇蹟般重新長出來，肢體完全與先前的外形及功能一樣。在這種思想的啟發下，研究人員為了取代複雜的人造肢體和器官移植，開始嘗試研發人類肢體再生的方法。研究結果表明，許多低等動物都具有肢體再生的能力，其肢體再生的生理機制與在胚胎發育期的生成完全一樣。而不幸的是，人類在演化過程中，胚胎基因卻在發育後喪失了再生能力。

美國加利福尼亞州立大學的科學家認為，人體中某些如骨骼、指甲、毛髮等結構仍能再生，兒童還具有手指尖端再生的能力，但這與肢體再生大大不同。在切除一部分後，人體的某些部位即使能恢復到先前的體積，也只是長大，並不是真正意義上的再生。

科學研究人員認為，深入研究骨膠原分子，是研究人體肢體再生的關鍵，因為骨膠原分子是組成皮膚、骨骼、軟骨、韌帶和其他人體結構的氨基酸鏈。只有先認識人體骨膠原分子促進肢體生長的原理，並掌握其正確識別在需求方面反應的刺激因素，才能找到提示人體組織複雜結構的線索。研究已表明，骨膠原分子鏈的某些部分，對人的肢體生理結構形成所起的作用是不同的。

那麼什麼是影響骨膠原分子的關鍵因素呢？科學家進行了這樣一個實驗：用電場刺激一隻被切除了一條腿的青蛙，這隻青蛙最後居然再生出了與被切除的腿一樣的腿。這說明，在電場的作用下，骨膠原分子可能會刺激胚胎發育期儲存的遺傳訊息。

但這個目標的實現，需要尋找到早已存在於胚胎中的遺傳訊息，才能控制人體器官的肢體再生基因，並使之在人們需要的某一部位立即反應。如果能使人體的肢體再生，對於人類社會來說的確是一個天大的好消息。

⊙ 蠑螈的啟示

透過研究，英國科學家發現了一種關鍵性蛋白質，它可以幫助蠑螈嚴重受損的肢體再生，此次發現可能引導未來的人類再生醫學。長期以來，生物學家便對蠑螈身體受損部位再生能力產生了極大的興趣，但再生的過程是怎樣，他們卻不得而知。

研究顯示，神經和皮膚細胞會分泌一種名為NAG（乙醯穀胺酸，Nacetylglutamate）的蛋白質，在製造被稱之為「胚基」的一組不成熟細胞過程中發揮了很大作用，而胚基可以再生缺失的肢體。在肢體再生過程中，NAG重要性已經得到事實的驗證，即使殘端下的神經已經嚴重受損。在正常情況下，殘端的存在會阻止肢體再生。目前，利用人造的能夠產生這種蛋白質的細胞，科學家就能打造再生過程。

科學家表示，此次發現，為未來在哺乳動物肢體再生學方面的努力提供了信心，並能夠對再生醫學有引導的作用。

此項研究清楚解釋了與胚基形成和肢體再生有關的分子訊號，能最終允許醫生為非再生肢體的細胞編制類似的程序。不過，這種研究何時能成為現實，尤其在人類身上，任何人都只能猜測而已，但發現與再生有關的另一個重要因素NAG，卻無異於邁出了重要一步。

新知博覽——人體可以自己調節體溫

作為一種恆溫動物，無論是在嚴寒的冬季還是酷熱高溫的夏季，正常人的體溫通常都保持在攝氏三十七度左右，以維持體內正常的新陳代謝，否則就會生病，甚至會死亡。

人體之所以能夠恆溫，是因為於我們體內有一整套系統和器官可以調整體溫，就像自備了整套空調，因此我們可以稱之為「體溫調節器」。作為總指揮官的大腦在天氣寒冷時，就會令皮膚繃緊，毛孔拉直，血管收縮，產生「雞皮疙瘩」，減少皮膚的散熱面積，從而使溫熱的血液盡可能集中在心臟，減少流到皮膚表面，同時令心臟加快跳動。體內的能源醣類加速放熱，以補充失去的熱量。這就是為什麼寒冷時節人們胃口好、能源消耗較多。如果繼續變冷，人體最明顯的取暖方法就是讓肌肉運動，開始全身發抖、牙齒打架，身體的熱量會較平時增加四倍。如果外界氣溫高，我們全身的血管就會擴張，使汗腺全部開放，進而使皮膚流出汗液。人體在火熱的夏天，90%的熱量是被汗珠一點一滴帶走。

人體生理節律是怎麼回事

為什麼即使沒有鬧鐘，你每天都能按時醒來？為什麼雄雞啼晨，而蜘蛛總在半夜結網？為什麼大雁深秋成群結隊南飛，燕子恰恰迎春歸來？為什麼夜合歡總是迎朝陽綻放？為什麼女子月經週期正好和月亮盈缺週期相似？……生物體的生命過程複雜而又奇妙，生物節律時時都在奏著迷人的節律交響（Biorhythm）。

時間生物學近年來提出這樣一個觀點，生物體的生命都隨晝夜交替、四時更迭的週期性運動，揭示出生理活動的週期性節律。健康人體的活動與地球有規律自轉所形成的二十四小時週期相適應，大多呈現二十四小時的晝夜生理節律，也表明生理節律受外環境週期性變化（光照的強弱和氣溫的高低）的影響而同步（比如人體的體溫、脈搏、血壓、耗氧量、激素的分泌水準，均存在晝夜節律變化）。

生物這種近似時鐘的結構，被稱之為「生理節律（生理時鐘）」。週期節奏近似晝夜二十四（加減四小時）稱「日鐘」，近似二十九點五三（加減五天）稱為「月鐘」，近似周年十二（加減兩個月）稱為「年鐘」。時間生物學研究揭示，植物、動物乃至人的生命活動都有一個生理節律，而且是「持久」、「自己上發條」和「自己調節」的。

⊙ 神奇的生理節律現象

人們早就發現，一個人有時渾身困乏、情緒消沉、思維遲鈍、記憶力差，而有時卻體力充沛、精神煥發、情緒高潮、才思敏捷、記憶力強；，其中的原因人們百思不得其解，長期只知其然，而不知其所以然。

直到二十世紀初，德國柏林的醫生威廉（Wilhelm Pfeffer）透過長期觀察研究，提出了人體生理節律理論。透過統計學的方法，分析觀察到的大量事實，驚奇發現：人的體力存在著一個「體力盛衰週期」，從出生之日算起以二十三天為一週期；人的感情和精神狀況則存在著一個「情緒波動週期」，從出生之日算起以二十八天為一週期；經過二十年後，奧地利的阿爾弗雷德特萊切教授（Alfred Teltscher）發現，人的智力也存在著一個「智力強弱週期」，從出生之日算起，以三十三天為一個週期。這些發現揭開了人的體力、情緒和智力存在著週期性變化的祕密。

後來，這三位科學家發現的三個生物節奏，被人們總結為「人體生物三節律」。因為這三個節律像鐘錶一樣循環往復，因而又被人們稱作「人體生理節律」，外國人叫做「PSI週期」。（PSI：Physical（體力）、Sensitive（情緒）、Intellectual（智力））

人體生理節律在運行中呈正弦曲線變化，體力生理節律一週期是二十三天，情緒節律一週期是二十八天，智力節律一週期是三十三天。人體生理節律從零開始，經過四分之一週期時為高峰日，高峰日前後二～三天為「最高峰區」。高峰日後開始向低潮期過渡，到達二分之一週期時，正是高潮期向低潮期過渡交替的日子，稱為「下降臨界日」。此後便進入低潮期，到達四分之三週期時為低谷日，低谷日前後兩～三天為「最低潮區」。低谷日過後開始上升，向高潮期過渡，到達整週期（0週期）時，稱為「上升臨界日」。臨界日前後一～兩天稱為臨界期（「危險期」）。每完成一個週期的運行，生理節律便進入另一個週期運行。如果感到智力下降、情緒欠安和體力易疲勞感，說明人體三節律都處於臨界期或低潮期。

⊙ 人體二十四小時生理節律

一點鐘：由於是深夜，大多數人一般已睡了三～五小時，由入睡期－淺睡期－中等程度睡眠期－深睡期，此時進入有夢睡眠期，因此易醒或有夢，對痛特別敏感，此時容易加劇有些疾病。

兩點鐘：利用這段人體安靜的時間，肝臟仍然在繼續工作，它會加速產生人體所需要的各種物質，並清除一些有害物質。此時，人體大部分器官處於休整狀態，工作節律都會放慢或停止工作。

三點鐘：全身休息，肌肉完全放鬆。此時，人的血壓較低，脈搏和呼吸次數也較少。

四點鐘：呼吸仍然很弱，血壓更低，腦部的供血量最少，肌肉處於最微弱的循環狀態，人也容易死亡。此時，人體全身器官節律仍在放慢，但聽力很敏銳，容易被微小的動靜所驚醒。

五點鐘：腎臟分泌少，人體已經歷了三～四個「睡眠週期」（無夢睡眠與有夢睡眠構成睡眠週期），這時候醒來很快就能進入精神飽滿的狀態。

六～八點鐘：此時，大腦開始進入第一次最佳記憶期。有機體休息完畢並進入興奮狀態，肝臟已將體內的毒素全部排淨，頭腦清醒，大腦記憶力強。

八～九點鐘：神經興奮性提高，心臟開始全面工作，記憶仍保持最佳狀態，精力旺盛，大腦具有嚴謹、周密的思考能力。此時，可以安排一些難度較大的工作或學習內容。

十～十一點鐘：人體處於第一次最佳狀態，身心積極，熱情將持續到中午午飯。此時，內向性格者創造力最為旺盛，任何工作都能勝任。

十二點鐘：此時，因為人體的全部精力都已被調動，需要進食。人對酒精很敏感，午餐喝酒的話，會影響下午的精神狀態。

十三～十四點鐘：白天第一階段的興奮期已過，精力消退，進入二十四小時週期中的第二低潮階段。午飯後，精神困倦，此時，大腦反應比較遲緩，感到疲勞，最好午睡半小時。

十五～十六點鐘：試驗表明，此時長期記憶效果非常好，可合理安排一些需「永久記憶」的內容記憶。工作能力逐漸恢復，是外向性格者分析和創造最旺盛的時刻，可以持續數小時。身體重新改善，感覺器官尤其敏感，精神抖擻。

十七～十八點鐘：試驗顯示，此時是完成比較消耗腦力作業和複雜計算的好時期。工作效率更高，體力活動的體力和耐力達一天中的最高峰時期。

十九～二十點鐘：體內能量消耗，情緒不穩，應該適當休息。

二十～二十一點：大腦又開始活躍，反應迅速，記憶力尤其好，直到臨睡前為一天中最佳、最高效的記憶時期。

二十二～二十四點：睡意降臨，人體準備休息，細胞修復工作開始。

延伸閱讀——人體生理節律與時鐘同步嗎

日本科學家研究發現，人類的生理節律，與時鐘並不同步，人類生理節律的週期是二十四小時十八分。而這種生理節律與時鐘差距在其它動物和植物身上更明顯，一些動物的生理節律週期是二十三～二十六小時，而植物是從二十二～二十八小時之間。

研究者認為，可以用達爾文的演化論解釋這種現象。以鳥為例，如果牠嚴格按照時鐘作息，那麼每天早上出來覓食時就會發現，早起的鳥兒才有蟲吃。所以牠必須打亂自己的生理節律，早起覓食。嚴格守時的生物，會面臨最大的競爭壓力，最終趨於滅亡。

但是，為什麼生理節律與時鐘的不同步不會累計，最終打亂我們的生活規律，讓我們醒來越來越晚呢？研究者稱，這是因為光線可以影響人體內的激素濃度和體溫等，不斷重新設定生理節律。

動物世界

動物的聰明才智

在大自然中，無論是體型龐大的動物，還是身體微小的動物，都有一些令人吃驚的「壯舉」，令人驚訝不已。人們不禁會問：動物也有如此高超的智慧嗎？

❶ 會使用工具的動物

英國生物學家珍．古德（Dame Jane Goodall）多年來一直在坦尚尼亞研究猩猩。她在高溫的熱帶雨林裡連續守候數小時，觀察猩猩群體的覓食行為。最終發現：大猩猩也會使用工具。牠們透過細樹枝伸進白蟻巢口捕捉白蟻，然後津津有味舔食爬在樹枝上的白蟻。

相關研究人員還發現，黑猩猩同樣也會尋找一些工具。比如，當一隻黑猩猩想摘取香蕉卻抓不到的時候，牠就會找來一根樹枝，將它折斷、剝去樹皮，然後用它摘香蕉。

人們也曾看到一些雌猩猩製造類似海綿的東西，然後用它們取水喝。牠們先將樹葉扯碎，在手中揉搓，然後揉成密實的海綿球，再用這種海綿球沾取，如樹凹處等嘴巴夠不到的水，再將海綿球拿到口中按壓，這樣就能喝到水了。有時，牠們還用這些海綿球清洗黏在小猩猩的毛皮，讓小猩猩看起來更加衛生。

不同的猩猩群體，不僅會製造出不同的工具，而且使用工具的方式也有所不同。比如，為了捕捉白蟻，有的猩猩會將小樹枝放在白蟻穴裡，有的猩猩會將小樹枝放在白蟻通道上來回移動，等待白蟻爬到小樹枝上。當大猩猩找到一些解決麻煩的辦法後，牠們會將這個好方法傳給小猩猩。

其實，在自然界中的動物個體，就群體而言，不會表現出創造性。然而，有時某個動物個體，比其他動物表現得更奇特靈巧，能夠發現新的解決方法。這時，群體中的其他成員就會模仿，並接受牠發明的辦法。比如在日本，有一隻雌獮猴找到甘薯後，將甘薯浸在海水中清洗，很快，群體的其他成員就都開始模仿這個做法了；同樣，自從一隻貪吃又大膽的藍山雀發現了獲得新鮮奶油的最佳方法（啄破每天早上放置在英國人家門口的奶油瓶鋁膜包裝）後，所有英國藍山雀都開始這樣做。幸好牠們沒有飛越英吉利海峽，法國藍山雀還不知道這種方法。

⊙ 組織嚴密的動物

一些動物之間的組織也非常嚴密，在一個蜂群中，三～五萬隻蜜蜂工作時，可以互不干擾：年輕的蜜蜂負責養育蜂王和幼蟲，製造蜂蠟或製作容納蜂卵和儲藏蜂蜜的蜂房；年老的蜜蜂外出採蜜，尋找花粉與花蜜。另外採蜜的蜂，天氣熱時還要帶水回來，吐在蜂房裡，從而讓幼蟲的生活環境更加涼爽舒適。

蜜蜂的組織怎麼能如此嚴密？很久以來，我們知道蜜蜂之間是透過化學訊號交流，牠們會分泌出的一種液體，可以使其他蜜蜂傳達命令。

大約在一九六〇年，奧地利一位專門研究動物習性的動物生態學專家發現，在傳遞資訊時，蜜蜂會採用一些類似舞蹈的動作。一隻蜜蜂可以靠這些動作向其他蜜蜂指出許多資訊，如供採蜜的花叢在什麼方向、有多遠的距離等。

然而，出色的組織有時也會出現一些反常現象：所有的蜜蜂並不完全服從牠們所接到的命令，比如採蜜的蜜蜂給蜂群帶回的花粉和花蜜過多，最終阻塞了蠟蜂房，以致蜂王無法入蜂房產卵。

螞蟻也像蜜蜂一樣，具有相似的組織，比如一些工蟻負責看守蟻巢；採集工蟻則負責外出採集蟻群所需的食物。但事實上，這些採集工蟻會將牠們所能搬運的東西（比如碎玻璃、小石子、小樹枝等等）全部搬回巢內，其中只有一少部分是有用的食物。因此，螞蟻和蜜蜂都經常會犯一些錯誤，牠不算是「辛勤的勞動模範」。但牠們也會立即改正這些錯誤：當一個蜂巢太滿時，一部分蜜蜂會出走建一個新的蜂房；在一個蟻穴裡，一些工蟻會為採集的東西分類，並丟掉沒用的東西。

⊙ 會使用語言的動物

紅嘴鷗（Chroicocephalus ridibundus），也叫笑鷗，因為牠們的叫聲就像笑聲一樣。雌鷗在海邊群居，常在懸崖峭壁上孵卵，雄鷗捕食回來時，總會發出一種被稱為「長嘯」的叫聲。雖然雄鷗叫聲不斷，聽起來又很相似，但雌鷗仍能分辨出哪個聲音是自己「丈夫」。這不禁讓我們猜想：難道是那些雄鷗在飛回巢時，呼喚了「妻子」的名字，所以雌鷗能夠區別？

人們常常以為，鳥類在大自然中的歌唱是簡單、重複的，以為所有同類鳥，鳴叫聲也相同。紅嘴鷗的長嘯同樣也能被「家庭」識別，可以召集自己的雛鳥，並能排除外來的雛鳥。並且有時候，當牠召集一窩新出殼的小鳥「談話」時，大一點的雛鳥就會自覺離開，顯得漠不關心。

有些鳥比如鸚鵡，還模仿人類的聲音。只要稍微調教，鸚鵡就能重複一些單字，甚至一些句子，但牠們能理解自己「說」什麼嗎？

一位美國研究人員曾飼養了一隻很厲害的非洲灰鸚鵡（Psittacus erithacus）：亞歷克斯。牠能叫出二十多種物品的名稱，還學會了辨別五種顏色和四種不同的形狀。當牠發現人們給牠的東西不是牠所要時，牠就會說「不對」；此外，亞歷克斯還能說出人們放在面前的物品數量，即使替那些物品變換位置，或牠不認識那些物品。

有許多生物學家也曾試圖教黑猩猩和一些似乎很聰明的動物講話，但沒有成功。因為猩猩和猴子無法模仿聲音，雖然牠們很會模仿動作。

一九七〇年，兩位美國人曾教一隻雌性黑猩猩手語。四年中，牠學會了一百三十二種手勢，並能用這些手勢組織有兩～三個單字的句子。另外，還有三隻黑猩猩也具備了這樣的能力，牠們甚至能用這種手語交流。

點擊謎團——海豚的語言系統為何特別發達

生物學家發現：海豚的「詞彙」非常豐富，牠們發出的一系列訊號（類似哨聲），是牠們的交流訊號。美國科學家發現，大西洋和太平洋的海豚能發出三十二種叫聲，除兩者通用的九種外，大西洋海豚經常使用的還有八種，太平洋海豚經常使用的還有七種。海洋學家們認為，不僅同種海豚可以利用聲波交流，不同種的海豚之間也可以對話。

那麼，這種聰明的海洋生物的表達能力，是否類似於人類語言呢？

美國生物學家曾做過一個試驗：向一隻雌海豚提出了二十個問題，前方有兩顆圓球，推紅圓球表示有，推藍圓球表示沒有。研究人員把一物體放入水中，這些物體大小、形狀各不相同，然後問海豚：「那裡有什麼東西？」經過一番探測，海豚很快做出了令人滿意的回答。隨後，生物學家又提出關於形狀的問題：「這個物體是不是圓的？」而不論物體是什麼形狀，海豚都能準確回答。

不僅如此，海豚還有很強的學習英語的能力。生物學家曾做過這樣一個實驗：教海豚一～十的英語單字，幾週後，海豚竟能模仿人的聲音表示出來；而令人驚奇地是，剛與牠認識的另一隻海豚，竟然也說出了這些單字。原來，幾秒鐘之內，海豚就能把所學的知識傳授給同伴，而牠的同伴學會這些知識，竟然也只用了幾秒鐘的時間。

動物之間的交流

語言是人類最重要的交流工具，人類就是透過語言傳遞資訊與情感交流。那麼，動物是如何在個體與個體、群體與群體間交流呢？

長期以來，許多語言學家和動物學家大量的觀察和研究，揭示了很多令人驚訝的動物交往現象，讓我們不得不感慨大自然的神奇；但同時，要想真正破譯動物「語言」，目前還是有很大的困難。

⊙ 動物的主要語言

根據生活常識，動物的語言主要有聽覺訊號、味覺訊號、嗅覺訊號和視覺訊號。聽覺訊號如烏鴉用鳴叫聲來呼喚異性，或對競爭對手發出警告等；像獅子、老虎等兇猛大型食肉哺乳類動物會發出味覺、嗅覺訊號，用尿液和體味表明自己的活動領域及「勢力範圍」；狗會豎直耳朵、尾巴、脖子上的毛，透過視覺訊號表示自己的攻擊意識，在想討好主人、表示服從時，牠會對主人搖頭擺尾。

除此之外，還有許多訊號，是我們不熟悉、無法感知的，比如螞蟻會在路上留下同伴所熟悉的化學訊號，以便將同伴引到自己發現的食物地點。

科學研究發現，動物所使用的訊號非常簡單，只有「開」、「關」之分，其中一部分訊號能夠長期維持，甚至有些能夠持續一生成為動物身體的一項特徵。眾所周知，鳥類大多用斑斕的羽毛顯示其性別，相對來說，雄性的鳥類羽毛更加華麗醒目；而透過頭部的大小或形狀的差異，大猩猩則可以顯示自己的性別；此外，大多數鳥類甚至可以用羽毛顯示自己的年齡。黑脊鷗（Larus argentatus）就是個很典型的例子，牠在雛鳥一歲、兩歲、三歲、四歲和五歲以上這些不同的年齡層，分別用不同的羽毛標識不同的年齡。

每個動物家族中都會有獨一無二的叫聲、音調、動作、姿態和氣味，且各有各的含義，這是為了達到互相溝通的目的。比如當發現空中的飛鷹時，長尾鼠（Berylmys）會用單調而冗長的聲音報警。如果長尾鼠每隔八秒鐘報一次警，說明老鷹飛到了地面；而如果發出急促的叫聲來提醒同伴，則說明牠發現狐狸在地面上，而母雞能用來報警的聲音多達八種。南極大陸的海豹找尋配偶時，發能出多達二十一種的叫聲，聽起來聲調短促而低沉·，而麥克默多灣（McMurdo Sound）的威德爾海豹（Leptonychotes weddellii），與同伴溝通的洪亮叫聲有三十四種，持續時間也比較長。

據研究，威德爾海豹可以絲毫不受外來語言的影響，只學習本地區同種海豹的「獨創語言」。日本科學家也發現，一種在太平洋海域生活的海豚，和大西洋海域的海豚是同一種類，牠們卻不能有效溝通，就是因為「方言」不同，通用的語言僅有50%。

⊙ 動物之間的無聲語言

動物語言中除了各種有聲語言外，還廣泛存在著如超音波語言、氣味語言和聲波語言等無聲語言。通常不同動物之間，都會採用一種或一種以上的語言，滿足彼此交往的需求。

超音波語言，就是動物發出超音波溝通，比如海豚就能用超音波與同伴交流。而且當一隻海豚在「講話」時，其它海豚都不會輕易打擾同伴的「談話」，顯得非常有禮貌，靜靜在一旁「聽」著。

利用氣味來作為交流方式的是氣味語言。自然界中昆蟲傳達訊號時使用氣味的有一百多種。比如當遭到敵人襲擊時，有一種雌性害蟲會釋放出一種氣味，通知和掩護同伴逃生；而哺乳動物（尤其是雌）則幾乎全都在一個充滿氣味的世界中生活，借助於牠們之間不同的體味，區別自己與其他動物的子女。

聲波語言是蟋蟀和大象等動物特有的傳遞資訊的方式。研究表明，在種類繁多的蟋蟀中，有幾種雄性蟋蟀不能鳴叫，雖然牠們不具備發音器，但牠們向雌蟋蟀傳遞訊號時，仍有特殊的方法，那就是利用震動發出的聲波傳遞訊號。當然，人類聽不到這樣極微弱的聲音，即使其他蟋蟀也不可能聽到。

大象利用聲波傳遞訊號的方式，與蟋蟀完全不同。研究人員發現，大象交流方式極為複雜，是透過震波向遠方同類傳遞訊號。比如牠們會震動地面（透過跺腳或發出聲音的方式），使震波傳播很遠。佯裝進攻時，大象往往會煽動耳朵並跺腳，實際是牠在覺察到危險到來時，採用的一種防衛機制。此外，大象也是透過地震波來區別同類發出的警告和問候訊號，即使當時並不能聽到同類的聲音，也會對相應訊號做出反應，且雌象的感知更加敏感。研究發現，大象發出的地震訊號不僅能表明牠的方位，還能反映出牠是憤怒還是恐懼，或是其他情感。

⊙ 動物的聲音與人類的關係

動物聲音與人類的生活和生產有著密切的聯繫，現實生活中，人們為了提高玉米產量，會播放模擬出的蝙蝠叫聲，以驅逐夜蛾；要想判斷魚群的位置、數量甚至種類，可以透過控制海洋生物的聲場：利用電子發聲器引誘魚群定向聚集，可以提高捕魚量。

再比如，動物的異常表現，可以預報破壞性較大的地震，因為很多動物在地震前都會反應異常，這些異常反應，很可能是由地下岩石劇烈活動時發出的次聲波所引起；在水母耳啟發下做出的颱風警報器，可以提前十五小時準確預報颱風的強度和方位；能幫助盲人辨認前方不同障礙物的「眼鏡」，是仿照蝙蝠的聲音系統製成。另外，為改善飛機飛行的安全狀況，可以安裝驅鳥器；安裝驅鼠器可使糧倉中的糧食免受老鼠的禍害；為使害蟲的行為混亂，破壞害蟲的繁殖能力，有的昆蟲學家會根據昆蟲氣味語言分等特性，用一種強烈的氣味沖淡和擾亂害蟲的氣味，即可減少農業蟲害。

總而言之，大自然中蘊藏著無窮的智慧。人類透過研究動物的語言和交流方式，可以大大推動發明創造的科學歷程。

相關連結——有趣的動物交流

同人一樣，自然界的動物需要相互傳遞資訊，交換思想感情，有自己獨特的「語言」。

遇到危險時，螞蟻就從頜的分泌腺，分泌出一種強烈的氣味，只要經過十三秒，這種氣味就會在螞蟻周圍擴散，產生一個直徑十二公分的氣味圈。聞到這種氣味，鄰近的螞蟻就會趕來救援。

在婚配前，蝴蝶需經一番戀愛飛行，結成良緣前還需要用「動作語言」交流感情；螢火蟲腹部末端的發光器，會發出一種「求愛訊號」的光，雄螢先發出閃光訊號尋雌螢，願意成對的雌螢就會發出回答閃光。憑著這種奇特的閃光語言，牠們便在夜幕中默默成雙成對戀愛了。

鹿眼睛旁的分泌腺，能散發強烈氣味，要想通知同伴，只要將臉在樹幹上擦幾下就行了，就能告訴夥伴們：「此路平安無事」。

蜜蜂可以利用氣味傳遞警報，當與敵人交戰時，牠就會分泌出一股發出特殊氣味的毒汁。這種氣味的語言就是求救警報，告訴夥伴：「快來幫助，這裡有敵人！」

蝙蝠雖是瞎子，但卻能以耳代目。牠從喉嚨發出超音波穿過口和鼻孔產生回聲，回聲由耳接收，大腦根據訊號可極其準確判斷反射物的大小、形狀、材質和距離。即使幾百萬隻蝙蝠一起生活在山洞中，卻能夠互不干擾的從洞口飛進飛出，靠的也是超音波。

動物冬眠的奧祕

每當春天到來，青蛙、蜥蜴、蛇等兩棲類動物以及爬蟲類動物，便會從漫長的冬眠中醒過來，紛紛爬出洞外開始新的生活，動物為何需要冬眠呢？

⊙ 奇妙的冬眠現象

動物冬眠是一種奇妙的現象。加拿大的有些山鼠甚至可以冬眠半年，冬天一來，牠們就會透過掘好的地道鑽進穴內，蜷縮起來。冬眠時，牠們的呼吸也會逐漸緩慢到幾乎停止，脈搏也相應變得極為微弱，體溫更直線下降。這時即使你用腳踢牠，牠也不會有任何反應，就像死去一樣，但事實上卻是活的。

松鼠睡得更死。有人曾從樹洞中挖出一隻冬眠的松鼠，而牠的頭像折斷了一樣，不管你怎麼搖牠都始終不會睜開眼，更別說走動逃跑了，把牠擺在桌上，用針刺都刺不醒。只有用火爐烘熱，牠才會緩緩「活」過來，但時間要很長。

在冬眠的時候，刺蝟幾乎連呼吸都停止了。原來牠的喉頭有一塊軟骨，可將口腔和咽喉隔開，並掩緊氣管的入口。生物學家曾把冬眠中的刺蝟放入溫水浸了半小時後，牠才漸漸甦醒。

其他動物的冬眠也各具特色：蝸牛會用自身的黏液把殼密封起來；冬季到來時，絕大多數的昆蟲進行冬眠不是「成蟲」或「幼蟲」，而是以「蛹」或「卵」的形式；熊在冬眠時呼吸正常，有時還到外面溜達幾天再回來，但雌熊在冬眠中，會用雪把身體覆蓋起來，一旦醒來，身旁就會躺著冬眠時產的、一兩隻天真活潑的小熊。

動物冬眠的時間也長短不一，西伯利亞東北部的東方旱獺和中國的刺蝟，一次能冬眠兩百多天，而前蘇聯的黑貂每年卻只有二十天的冬眠。

⊙ 動物為何要冬眠

科學家經過幾個世紀的研究，對動物冬眠的現象有了許多發現。進入冬眠約一個月之前，黑熊一天吃二十小時的東西，攝取的熱量從每天七千卡增加到兩萬卡，體重也急劇增加。科學家認為冬眠動物的體內，有一種能誘發自然冬眠的物質，這一種物質控制著動物冬眠前的行為。

科學家為了證實以上推測，曾進行過一個實驗：提取冬眠黃鼠的血液後，將其注射到活動的黃鼠靜脈中去，並把活動的黃鼠放入溫度較低的房間，房間溫度保持在7℃。幾天之後，牠們就進入了冬眠。這個試驗證實，很有可能存在某種物質可誘發自然冬眠。

科學家又從冬眠動物的血液中，分離出血清和血細胞，分別注射到兩組黃鼠體內，實驗證實，血清和血細胞都能讓動物冬眠。過濾血清後，得到過濾物質和殘留物質，給黃鼠分別注射這兩種物質，發現是過濾物質導致冬眠。科學家由此得到啟示：只有血清中能誘發冬眠的是一種極小的物質。有趣的是，用冬眠旱獺的血清，誘發黃鼠冬眠效果最好，無論什麼時候，不管是在冬天還是在夏天，都能誘發黃鼠冬眠。

而且，不光是誘發物決定冬眠，誘發物和抗誘發物之間的互相作用也對冬眠有影響。除了春季的一段時間，動物全年在製造誘發物。動物在誘發物多的秋冬季節，就開始進入冬眠；抗誘發物到了春季增多，動物就從冬眠中甦醒。

比起平時來，冬眠後的動物抗菌抗病能力，也會有所增加，顯然冬眠對牠們很有好處，可以令牠們的動作到翌年春天甦醒以後變得更加靈敏，食欲更加旺盛，而身體內的一切器官更會返老還童。

由此可見，動物在冬眠時期神經系統和肌肉仍然保持充分的活力，而新陳代謝卻降低到最低限度，這啟發今天醫學界創造了低溫麻醉、催眠療法。

⊙ 昆蟲怎樣度過寒冷的冬季

動物中的鳥獸和我們人類一樣都是溫血動物，那冷血動物昆蟲又是怎樣熬過漫長的冬季呢？經過長期的觀察和研究後，昆蟲學家終於明白了昆蟲過冬的部分奧祕：冬天為防止汽車散熱器結冰，我們要在車內加入防凍液。而昆蟲採用的就是相似的辦法，從而在嚴寒的冬季保護好自己。

在冬天，昆蟲要保持活力，不被凍僵至關重要。活的組織一旦被凍結，膨脹的冰晶體勢必會破壞細胞膜，造成致命的創傷。如果細胞裡液體不足，不能保持維護生命所必需的酶活性，即使沒有被完全凍結，也會死亡。而昆蟲要解決這一難題，主要是靠降低體內液體的冰點，提高抗寒能力，產生大量的「防凍液」就是最好的辦法。

那麼昆蟲是怎樣製造防凍液的呢？天暖之後又怎樣將防凍液清除呢？為什麼要除掉防凍液？這些問題直到現在仍不得而知。

值得補充的是，科學家們又發現，蛙類也會自製防凍液。在實驗室中，科學家冷凍了許多青蛙，五～七天後再慢慢將其解凍，解凍後這些青蛙依然活著。科學家經過認真分析和研究，終於發現了青蛙為什麼能夠存活。在這些青蛙的體液中，他們發現了一種人們經常在防凍劑中添加的物質：丙三醇。與昆蟲相似的是，到了春天，這些青蛙的液體中再也找不到這一物質了。

至今，人們尚未能完全揭開動物冬眠的奧祕，但科學家透過不斷探索已認識到，研究動物的冬眠不僅妙趣橫生，而且頗有價值。

延伸閱讀——「冬眠」動物的種類

「冬眠」的動物主要有三種：

第一，蛇及蛙等兩棲爬蟲類動物。在環境溫度下降時，這類動物的體溫也跟著下降，自己無法調節，因此會進入冬眠狀態。

第二，松鼠等動物。牠們的體溫平時可以保持恆溫，而在進行冬眠時，自己體溫可下降到接近環境周圍的溫度。但為了避免體液在攝氏零度以下結凍，牠們常會把體溫維持在攝氏五度之間。

第三，熊類。熊在冬眠時體溫只下降幾度，但能長時間不進食而呈睡眠狀態。

與我們人類相比，冬眠的哺乳類動物的身體構造並沒有太多差異，只不過冬眠的哺乳動物能夠控制神經激素系統調節器官代謝。如果能找到這種控制的遺傳因素，將來人類或其他動物冬眠也不無可能。

動物的「計劃生育」

有些高等動物在對自然環境適應的過程中，也練就了「計劃生育」的「祖傳祕方」，其「節育措施」甚至達到令人吃驚的地步。

❶ 動物也懂得節制生育

動物學家透過長期觀察和研究發現，有一種紅狐生活在瑞典南部，數量並不受野兔——牠們主要食物的多少影響。紅狐並不會因為自然界中野兔的數量明顯減少而遠走高飛，也不會因饑餓而大量死亡。牠們會本能知道，在這種非常時期大量繁殖後代不明智，因此會積極節育，參與交配的，占正常年景交配數量的一半。而那些無緣享受生育的紅狐，也會自覺散居在帶有後代的狐穴旁邊，並不會因此大打出手。牠們就用這種減少繁殖的方法來保護自己不被餓死。

根據當地食物的豐貧狀況，棲息在埃及尼羅河兩岸的非洲象（Loxodonta），也能決定自己多產還是少產。經過長期觀察生物學家發現：在尼羅河樹林茂盛、食物豐富的一側，由於這種優越的環境，母象每隔四年就會生育一胎；而在河的另一側，由於氣候惡劣，食物貧乏，母象每隔九年才會產下一仔，以降低「象口」密度，保持供需平衡。

⊙ 動物的晚生晚育現象

非洲羚羊節制生育的能力也不錯，一旦雌羚羊受孕過早，就會把快要分娩的胎兒繼續留置在腹中，用「過期妊娠」的辦法盡量推遲分娩時間，等著到了春暖花開、萬物生長的季節再產下幼仔，以保證哺乳期間有足夠的食物，避免讓後代受凍挨餓。這羚羊獨有奇特的「晚生」本領，是一種絕妙的「計劃生育」措施。

一般在夏秋交配後，貂、花斑臭鼬等齧齒動物的健康受精卵，會暫時「停止活動」，也不會馬上附在子宮壁上，而是呈囊胚狀態，浮游於子宮內。等到寒冷的冬天過去後，溫度逐漸升高，食物慢慢豐富，充分做好懷孕生產的準備後，貂和花斑臭鼬才使囊胚附在子宮壁上發育成胎兒。這樣生下「小寶寶」後，就會有一個優越的生長環境。

熊與貂等動物的生育觀有點類似，在夏天交配受精後，雌熊經過一夏一秋的頻繁獵食，體內貯藏了足夠的能量，直到初冬囊胚才開始發育，待第二年春才產仔。如果懷孕期間雌熊覺得身體狀況不足以支持到生產時期，就會果斷中途自行流產，以免母子受苦受難。

⊙ 動物怎樣助孕和優生

巴西生活著一種猴子，當年齡到了想懷孕時，就會專程在年齡較大的母猴帶領下，三五成群翻山越嶺，尋找一種果子吃，吃後不久就極易懷孕。研究人員發現，這種果子中含有一種類似助孕的黃體酮激素，可以為猴子助孕。

而在阿爾卑斯山的三個典型的狼群中，每群的雄狼總是經過決鬥取勝成為狼王。只有狼王才能和占有優勢的雌狼交配繁殖。如果發現一般雄狼與雌狼「偷情」，狼王就會將當事雄狼咬死，「犯科」的雌狼則被驅逐狼群，只能四處流浪。就是透過這種「節制生育」的辦法，狼群保證了後代的「優選性」，做到了「優生優育」。

其實，在計劃生育方面做得最好的的，要數和人類血緣相近的靈長類動物。動物學家在非洲野外考察時，發現那裡的黑猩猩竟能吃當地人也吃的墮胎植物來墮胎。在產下小黑猩猩後，一些黑猩猩居然能有目的地大量吃野生豆子，這些野生豆子都富含雌性激素而又有避孕作用，從而達到避孕的目的。而需要加強生育能力時，牠們又吃那些有催情作用的其他野豆子。

相關連結——動物怎樣治病

動物是怎樣治病的呢？其實也和人類一樣，動物在長期與大自然作鬥爭的生存環境中，培養了戰勝疾病的特殊本領，治病方式一般有兩種：

第一種是自療，是指動物利用某些「藥物」為自己治病。在動物的生活環境周圍，許多不起眼的東西往往就可以治病。比如貓患了腸胃炎，腹瀉不止時，便會吃一些青草，吃了這些草後，不一會兒就大吐不止，而腹瀉頓消，腸胃炎也竟然隨之痊癒；受傷後，蒙古瞪羚（Procapra gutturosa）會將身子貼在一處峭壁前。不久，這隻流血過多、十分虛弱的動物就能恢復體力，跟健康的蒙古瞪羚一樣飛快奔跑。原來，峭壁上會分泌一種黏液（當地人叫「山淚」），可以止血消炎，使折斷的骨頭復原，野獸就是用它療傷。

第二種是他療，是指動物接受某些「動物醫生」治療的方式，而這些「動物醫生」往往是個體很小的動物。小動物 可以對所治療的對象進行「清潔」和「美容」，同時對自己也有利。在碧波萬頃的海洋中，就會經常看到這樣有趣的現象：在密集的魚群中，一條大魚（一般是雄性魚）迅速游向一群小魚，卻沒有把小魚嚇跑。這時，大魚會乖乖張開身上的鰭，讓眾多的小魚用尖嘴來「吮乳」。幾分鐘後，小魚離開了，而那條大魚也高高興興向前游去。原來，作為「動物醫生」，這些小魚可以用用尖嘴清除大魚身上的寄生蟲和有害微生物，這在牠們看來不失為美餐。大魚經過小魚的「吮乳」，會感到全身輕鬆，身上的病症也被治好；又比如，在尼羅河棲息在沙洲上的水鳥，就是鱷魚的「免費醫生」，因為鱷魚口中常常會寄生有水蛭。眾多的水鳥有的還進入鱷魚口腔中啄食水蛭，有的停留在鱷魚身上找小蟲吃，鱷魚和水鳥雙贏，和平相處。

可見，動物們的確有自我醫療的本領，而動物之所以掌握了這些本領，也是在不斷的生存鬥爭中得來的經驗。

揭祕恐龍滅絕之謎

在兩億多年前的中生代，大量的爬蟲類生活在陸地上，因此中生代又被稱為「爬蟲類時代」，這是大地第一次被脊椎動物廣泛占據。那時的地球氣候溫暖，森林茂密，爬蟲類有足夠的食物可以生存，所以逐漸繁盛，也有了越來越多的種類。牠們不斷分化成各種爬蟲類，有的成為今天的龜類，有的成為今天的鱷類，有的成為今天的蛇類和蜥蜴類，其中還有一類演變成今天遍及世界的哺乳動物。

作為所有爬蟲類中體格最大的一類，恐龍適宜生活在沼澤地帶和淺水湖。那時的空氣溫暖而潮濕，恐龍也容易找到食物，所以在地球上統治了幾千萬年。但不知是何原因，六千五百萬年前，牠們在很短的一段時間內滅絕了，只留下大批的恐龍化石。

❶ 隕石爆炸說

到現在人們仍在不斷研究恐龍滅絕的原因。長期以來，最權威的觀點認為，其滅絕很可能和六千五百萬年前的一顆大隕石有關。據研究，當時曾有一顆直徑七~十公里的小行星墜落在地球表面，引起一場大爆炸，大量的塵埃被拋入大氣層，塵霧遮天蔽日，植物的光合作用因此暫時停止，而恐龍也就滅絕了。

小行星撞擊理論，很快獲得了許多科學家的支持。一九九一年，在墨西哥的猶加敦半島，發現一個久遠年代的隕石撞擊坑，進一步證實了這種觀點，似乎今天已成定論了。

但是，也有許多人懷疑這種小行星撞擊論，因為蛙類、鱷魚及其他許多對氣溫很敏感的動物，都撐過了白堊紀生存下來，因此這種理論無法說明只有恐龍死光的原因。科學家迄今為止提出的對於恐龍滅絕原因的假想已不下十幾種，「隕石碰撞說」比較富於刺激性和戲劇性，但不過是其中之一而已。

恐龍滅絕的真正原因一直眾說紛紜，卻沒有產生能被多數人承認的觀點。儘管許多人為此也耗費了大量心血，也取得了不少研究成果，但目前為止這仍是一個未解之謎。並且，不同的恐龍在不同時間、不同地區，滅絕的原因也不一樣，之所以會造成眾說紛紜，觀點各異，是因為當時幾百種恐龍所處的外部條件和自身內部條件各不相同。除此之外，科學家探索恐龍滅絕原因時，還提出一些其他觀點。

⊙ 造山運動說及氣候變化說

恐龍在地球上生存了長達近兩億年，地球在這期間，會發生板塊運動，出現造山運動，導致沼澤乾涸，破壞了恐龍的生存環境，海流也發生變化。而氣候也發生了巨大變化，極低的氣溫凍死了大量植物，而草食性恐龍在恐龍中占絕大多數，因為不能得到食物而相繼滅亡；草食性恐龍滅亡，肉食性的恐龍也便失去了生存的依傍，走向了滅亡。這一滅絕過程，持續了一千～兩千萬年。直到白堊紀末期，恐龍徹底在地球上絕跡了。

⊙ 海底火山及火山爆發說

義大利著名的物理學家曾指出：大規模的海底火山爆發，可能是恐龍滅絕的原因。他認為海水的熱平衡受到大規模的火山爆發影響，陸地氣候跟著發生變化，需要大量食物的恐龍等動物的生存因此而受到影響。他還說，格陵蘭過去曾被植被所覆蓋，而他之所以成了冰雪覆蓋的大地，是因為全球性的海洋水溫平衡變化，造成了寒冷洋流流經格陵蘭。由此可以看出，海洋水溫的變化對陸地影響巨大。因此，海底火山爆發等引起海洋水溫變化，也不失為研究恐龍滅亡之類問題時的一個考慮因素。

另外，許多陸上火山爆發，大量噴出二氧化碳，造成了地球急劇的溫室效應，從而使恐龍的食物死亡；而且，火山噴發釋放了許多元素，破壞了臭氧層，使有害的紫外線照射地球表面，造成了生物的滅亡。

⊙ 恐龍自身說

也有很多恐龍自身說的各種不同說法，如溫血動物說。有人認為，恐龍是溫血動物，之所以無法存活，可能是因為經不起白堊紀晚期的寒冷氣候；還有就是自相殘殺說，即肉食性恐龍以草食性恐龍為食，而草食性恐龍自然越來越少肉食恐龍卻越來越多，於是肉食性恐龍因無肉可食，就自相殘殺，最後同歸於盡。

其次，還有一種是恐龍性功能衰退說，即由於古氣候及地質——地球化學因素的影響，據今六千五百萬年前的白堊紀末期，雄性恐龍出現了性功能障礙，大量的恐龍蛋未能受精，導致恐龍最終滅絕。

有意思的是，還有一種說法認為，恐龍是因為自己的屁導致死亡。科學家們精確分析後認為，恐龍屁的成分中含有1％的如胺、硫化氫、糞臭素和揮發性脂肪酸等臭味物質，而無臭味的氮、二氧化碳、氫、甲烷則占了很大比例。以恐龍繁多的種類、個體數量和龐大的身軀，一億年間所釋放出了相當可觀的臭氣。這些臭氣最終破壞了大氣臭氧層，導致地球生態巨變，食物奇缺，以致恐龍絕種。

當然，關於恐龍滅亡的原因的說法還有很多，諸如生物鹼學說、恐龍內分泌紊亂導致恐龍神經失常或染上傳染病而死亡、其他物種吃掉其恐龍蛋，還有的在演化角度上，提出恐龍的一個分支演化成了鳥類，等等。這些假說都有著各自的證據，是從各自學科的研究結果中分析得出的，然而也各有不足。比如，任何一種觀點都不能解釋，為什麼鱷魚與龜鱉與恐龍同時存在，卻沒有一起滅絕。也由此可見，外因和內因同時決定了恐龍的滅絕，條件改變後，恐龍自身不能適應外界環境，於是滅絕了。在不同的時間和不同的地區，不同的恐龍滅絕的方式也不一樣。因此，恐龍的滅絕是一個漫長過程，且是由多方面原因所造成。

新知博覽——動物怎樣逃生

自然界中各種動物都有天敵，為了自身生存，動物必須學會防身和逃生的本領。

作為美洲唯一的袋類動物，負鼠是最善於偽裝的哺乳動物：牠善於裝死。當遇到敵害時，就會四腳朝天，兩眼直瞪，嘴巴半露，雙唇後縮，齜牙咧嘴。猛獸以為是一具死屍，就掉頭走了。

黃鼠狼的肛門附近有一對獨特的化學武器，這是牠的臭腺。當黃鼠狼遇到敵害時，牠就會連放幾個臭屁，趁敵害稍有遲疑，便乘機逃遁，因此人們也稱「救命屁」。

作為一種爬蟲類，蜥蜴的尾巴又細又長，一旦被敵害抓住了，就會斷掉尾巴以迷惑敵人，從而乘機逃脫。蜥蜴的尾巴斷後並不出血，掉在地上還會動，這是因為斷下的尾巴裡還有許多神經。

平時喜歡在海面上漂浮的烏賊，遇到敵害時就會施出絕招，從墨囊裡噴出一股股墨汁，墨汁在水中成煙霧狀，可迷惑敵害。烏賊的「煙幕彈」一般可連續施放五～六次，持續十幾分鐘，烏賊便可乘機逃脫了。

動物遷徙靠什麼導航

科學家曾做過這麼一次實驗：將威爾斯海岸斯科克霍姆島上的一隻墨嘴海鷗從巢裡抓出來，送到五百萬公尺以外的波士頓放了牠。不到兩週，這隻墨嘴海鷗又回到了巢中，而且居然比告知放飛消息的信件還早到一天。動物是怎樣克服這麼長的危險路程安全返回？究竟是依靠什麼作為導航來遷徙？是依靠陸地上明顯的標記，還是依靠特殊的音響感覺接受器或磁場感覺接受器？

一些研究人員曾經認為，遷徙類動物主要靠山脈、河流、海岸或其他一些可見的路標識別路線；但在廣闊的海域上空，在陰天或漆黑的夜晚，上述手段顯然會失效，牠們卻並不因此而迷路，這是什麼道理呢？

⊙ 靠動物頭部獨特的「羅盤」

飛行員在陰天或漆黑的夜晚需要利用雷達定位飛行。那麼在沒有星星的夜晚，那些夜間遷徙的動物為什麼也不會迷路呢？

研究發現，有些動物可利用地球磁場導航，諸如海龜、鯨、某些鳥類、某些魚類和鼴鼠等。這些動物的頭部一些特殊細胞都含有磁性物質，這些磁性物質受到磁場的影響後，就會按磁力線的方向排列。透過神經系統，這些排列資訊可以傳到大腦，大腦再將這些排列資訊分析處理，就可發出指令，指揮動物的行進方向。生物學家發現，海龜就是透過感應地球磁場導航；幼龜在美國佛羅里達海岸出生後，會在大西洋裡生活幾年，成年後回到出生地交配繁殖，靠的就是頭部的磁性「羅盤」。

⊙ 靠感覺器官識別路線

科學家推斷，許多動物會綜合運用各種導航手段，採用一系列方法，透過不管是空氣、水流、溫度變化，還是可視標記、氣味等多種途徑獲得有關的蛛絲馬跡，綜合判斷，從而不讓自己迷路。

比如，大量哺乳動物在小範圍內，主要就是靠嗅覺定向，而嗅覺也能幫助蠑螈和其他兩棲動物找到產卵的水域，讓海龜遊到數公里外可以產卵的海灘。依靠太陽的位置、海流以及磁場，鉤吻鮭（Oncorhynchus keta）還會穿越大洋，返回原來孵化自己的同一條河流裡產卵，最後到達淡水附近，就是根據河水的氣味物質，「回憶」起自己的出生地。

而夜間遷徙的鳥類，則會根據落日在起飛時判斷西方，在夜晚則透過辨別夜空中的星星導航；蜜蜂和信鴿則利用太陽作為羅盤確定自己的目的地；蜜蜂還可以計算距離，所以不論飛多遠，總能飛回自己的家。

⊙ 靠能「看見」地球磁場的眼睛

將鳥類頭部中連接大腦與磁性細胞的神經切斷後，科學家發現，鳥類並未因此而喪失導航的能力。由此科學家推斷，除了靠神經系統聯繫外，鳥類還可能用另外一種方式感知磁場。科學家推測，鳥類或許能用特有的X線視覺系統「看到」磁場，從而遷徙。

刺歌雀（Dolichonyx oryzivorus）放在紅色燈光下時會就失去方向感，而被放在綠光、藍光或白光下時，方向感很強。因此科學家推測，可能在一些鳥類的眼中有能檢測磁場的光感接收器，南方和北方可能會在牠們眼中呈現出不同的色彩，因而可以清晰辨別方向。

⊙ 靠月光偏振定位方向

瑞典科學家發現，以糞便為食的蟑螂，在有月光的夜晚會將糞球沿直線路徑運回目的地卻不會不迷路。這一發現表明，蟑螂是利用月光導航和定位。科學家認為，蟑螂移動採用這種直線路徑非常安全和高效，這是牠回家的最短路徑，就可以減少其他捕食者搶奪的機會。當月光透過大氣層時，因為受到大氣層中微粒的散射，使照射到地表的月光產生偏振，而蟑螂就可能是利用這種偏振導航。

為了進一步探討蟑螂導航，究竟是是利用月光的偏振還是月亮的方位，科學家又將特製的偏光鏡套在蟑螂的頭部，改變月光的偏振方向。蟑螂的爬行方向，隨著月光的偏振方向被改變了九十度，也偏離九十度。科學家推測，許多夜行動物都可能擁有這種能力。

科學家起初認為，在陰天或沒有星空的夜晚，動物主要依靠感應或「看見」地球磁場來導航。但事實上，動物體內的地球磁場感應系統，只能算是動物體內龐大、複雜導航系統中的一個部分而已。科學家還需繼續探索和努力，才能徹底揭開動物導航系統中的奧祕。

相關連結——鳥類遷徙及起因

許多鳥類都會季節性遷徙。鳥類遷徙往往結成一定隊形、按一定路線進行，遷徙的距離有近有遠，從幾公里到幾萬公里。遷徙旅程最長的要數北極燕鷗（Sterna paradisaea），遠到一萬八千公里。此鳥在北極地區繁殖，卻要飛到南極海岸會越冬。遷徙時的鳥類一般飛得不太高，只有幾百公尺左右，僅有少數鳥類可飛越珠穆朗瑪峰。遷徙時飛行速度從四十～五十公里／小時，連續飛行的時間可達四十～七十小時。

在遷徙前，鳥類必須儲備足夠的能量，而儲備能量的主要方式是沉積脂肪。脂肪不僅為候鳥提供能量，代謝過程中還會產生水分，供身體所利用。許多鳥類因儲存脂肪，使體重大為增加，甚至成倍增加，例如北美的黑頂白頰林鶯（Dendroica striata）和歐洲的水蒲葦鶯

(Acrocephalus schoenobaenus)，體重一般為十一克左右，但在遷徙前可達二十二克左右，所沉積的脂肪可供飛行約一百小時。

現在一般認為，引起鳥類遷徙的原因很複雜，鳥類遷徙是對環境因素週期性變化的一種適應性行為。候鳥遷徙的主要原因是氣候的季節性變化，由於氣候變化，在北方寒冷的冬季和熱帶的旱季，經常會出現食物短缺，迫使鳥類群落中的一部分個體，遷徙到其他食物豐盛的地區。這種行為最終被天擇的力量固定，成為鳥類的一種本能。

動物為何能預知地震

幾世紀以來，人類都認為動物可以預知地震。據歷史學家記載，西元前三七三年，希臘城發生地震的前幾天，老鼠、蛇、黃鼠狼等一系列的動物都異常躁動。

此後，又陸續出現鯰魚躁動、雞停止下蛋、蜜蜂離開蜂巢的報導，而無數寵物主人聲稱目睹了自己的貓、狗在地震之前吠叫、煩躁，或出現緊張不安的情緒反應。

至於為什麼動物會有這樣的異常行為，至今仍不得而知。

⊙ 地震前動物的種種異常反應

動物到底都會在地震前採取怎樣的「特別行動」呢？大量震例資料和觀測結果表明，動物地震前的習性異常，主要表現為比如驚恐不安、逃離、遷移等反常的興奮性行為活動，少數動物會表現為比如出現發呆、憂鬱、不進食等反常抑制性行為活動。

其中較為常見的動物有魚類，震前主要表現為遷移、翻騰、跳躍、漂浮、翻肚、打旋、昏迷不動等。一八五四年，日本中部太平洋海岸外發生八點四級地震前，距震央一百公里的伊豆半島西岸，人們發現許多魚死在海邊，而且都是深海魚。

震前的兩棲類（蛙等）和爬蟲類（蛇等）動物，主要會表現為不合時令出現呆滯等反常活動；一九七五年海城地震前，冬眠動物（蛙、蛇等）集體出洞（尤其是正在冬眠的蛇的出洞），這是人們公認的震兆現象；一九七八年十一月二日蘇聯的六點八級地震前，該現象也得到進一步的證實。

震前的家禽野生鳥類，如鴿、雉、烏鴉、喜鵲等，及觀賞鳥類如虎皮鸚鵡、孔雀、紅腹錦雞（Chrysolophus pictus）等，主要有驚飛驚叫、不進巢、不進食、遷飛等表現。除了繁殖期求偶外，雉平時很少鳴叫，卻會在地震前亂叫。中國很早就有這方面的記載，如浙江鄞縣一八五七年二月四日的一次地震，史料記載，震前曾「山雉皆鳴」。

地震前，狗、貓、鼠、家畜及其它哺乳動物主要表現為驚恐不安、嘶叫奔跑、集群遷移等，少數會表現為憂鬱、呆滯。一七三九年，中國寧夏銀川平羅八級大地震後，連年地震。據《銀川小志》（一七五五年，即清乾隆二十年）記載：「寧夏地震，每歲小動，民習為常。大約春冬二季居多，如井水忽渾濁，炮聲散長，群犬圍吠，即防此患。」一九七二年，尼加拉瓜的馬拿瓜發生了六點二級地震，市內某孤兒院飼養的猴子，震前幾小時大肆騷亂。院長見情景可疑，便迅速將孩子帶到屋外，讓這才逃過一劫。

總之，作為一個複雜而敏感的環境變化感知系統，動物實際上如同一架「活」的地震監測系統，可以有效地提取和放大相關的地震前兆訊號。

⊙ 動物怎樣預知地震

動物是怎麼知道要發生地震呢？有人認為，地震前會釋放出一些氣體，含量很低，人類無法察覺，但像狗、老鼠等一些嗅覺靈敏的動物，就能夠聞到這種氣味，並預知地震的發生；還有人認為，地震前地熱會異常，地下的如蛇、老鼠等動物，會紛紛從洞中逃出，因為地震前地下會釋放出來碳氫化合物的氣息；而魚類對於微弱的震動也具有高度敏感性，因為牠們的胸腹兩側都長滿體側腺（Lateral line，一種特殊的傳感系統）。

專家認為，與人類的聽覺相比，一些動物的聽覺更靈敏，比如人耳所能聽見的音訊，局限於二十赫茲～兩萬赫茲的聲波，而貓、狗和狐狸卻能聽到頻率高於每秒震動六萬次的聲音。至於老鼠、蝙蝠、鯨魚和海豚，可以發射和接收每秒震動超過十萬次的超音波。

動物除了超音波，還能感應每秒只有震動一百次、或不到一百次的次聲波，不僅人類的耳朵聽不出來次聲波，就是地震儀器測定出來的可能性也很小。因此，牠們也能遙感數百公里之外雷電和洋底海嘯的聲波。

但也有些科學家認為，動物表現異常，是自然界中的常見現象，並不是每次出現異常就預示著要發生地震，拿動物來預知地震並不可靠。不過動物預知地震的本領，倒是能啟示人們，以便對地震形成的祕密和震前徵兆進一步探究。

新知博覽——蜥蜴的「第三隻眼」

蜥蜴作為最古老動物群落的代表，其神經系統有別於其他動物，因此對地磁和電磁場的反應都很敏感。

據生物學家研究發現，爬蟲類體內有一種稱為「第三隻眼」的腔壁器官。這個器官位於間腦的末端，在負責調節神經系統的骨骺旁邊。有趣的是，蜥蜴的這個器官透過一個專門的小孔伸到體外。蛇的「第三隻眼」則與蜥蜴不同，藏在顱骨裡面。

動物真有第三隻眼嗎?專家認為，作為現存最原始的爬蟲類之一，蜥蜴分布範圍很廣。生活在庫克海峽中的喙頭蜥（Sphenodon）就以第三隻眼聞名，喙頭蜥的特徵就是其顱頂上具有第三隻眼，幼年的時候能感光，成年後基本失去作用，是從早期脊椎動物演化而來的痕跡。在爬蟲類中，某些蜥蜴也有此特徵，但是都沒有喙頭蜥的第三隻眼有名。

專家表示，尚未研究過蜥蜴的第三隻眼和地震預測之間的關聯，所以不能確定結論。

動物殘酷的親殺行為

母牛對小牛犢總會關懷備至，常用舌頭輕舔小牛犢，讓人頓生母愛之情，從而有了「舐犢情深」的說法；而小羔羊總是前腿彎曲，半跪在地上，伸頭在母羊腹下尋找乳頭吃奶，故有「跪乳之恩」的稱呼。

儘管這些感人的情景被擬人化了，但人類的這種主觀看法也並非沒有道理。動物父母也會努力保護牠們的孩子，以維持本物種的繁衍與延續，因而「舐犢情深」也是有科學根據。

但是，生物界的許多現象總是充滿著矛盾，讓人百思不解，而這些又往往徘徊在兩種極端對立的兩極。動物之間的競爭往往非常激烈，不僅在不同種間，就是在同種間、甚在具有親緣關係的個體之間，也都存在血腥的殺戮。

在烏干達叢林中有三種猿猴，雖有充分的生活空間，且不受人類干擾，牠們仍然會殺死自己的幼子；同時，在獅子和幾種猿猴群中，也有食子的情況。在野生動物中，不僅雄性會殺幼子，雌性也會殺幼子，雌黑猩猩有時會吃掉其他雌獸的幼子，雌海象會殺死試圖來索乳的陌生小海象。

除了哺乳類動物之外，其它動物殺死血親的事也並不罕見：公魚有時會吃掉魚卵（已受過精）；而某些種類的鯊魚還在母腹中時，就開始咬牠們的一母同胞了。

對於動物親殺行為，生物學家進行了大量的觀察和研究後，發現主要有以下幾種原因。

①配偶資源的競爭

我們經常在獅子的社會群系中看到這樣一幕：為爭取在某群體中的霸主地位，兩隻雄獅展開了殊死搏鬥。一旦新的獅王取代老獅王，便會急於一輪新的生育。那麼原先群體中留下的後代，作為新社群迅速交配的障礙，命運大多是被新上任的雄獅咬死。

這時的母獅似乎是真正意義上的受害者，牠們既要防止新獅王咬死自己的幼仔，還要順從於新獅王。當然，母獅作為新獅王勢力的象徵，自然不會受到傷害，暫時可以保全幼獅。為提防新獅王的伺機襲擊，牠們常常會將幼獅藏到一個隱蔽的地方。不過新獅王最終還是會找出幼獅咬死並丟棄，這一舉動往往徒勞。

成年雄性老鼠有著比獅子更加徹底的做法，新的鼠王往往會釋放出一種能使懷孕雌性老鼠流產的化學物質，並使其立即進入發情期。由此可見，老鼠對「新王國」的征服，比起獅子顯得更為精明與迫不及待。

在海豚中這種親殺行為也經常發生。據記載，美國維吉尼亞海灘，在一九九六年至一九九七年短短一年的時間裡，就曾出現過九隻幼年海豚的屍體，受傷處幾乎相同——都是內臟破裂，大面積骨折。研究表明，這些幼豚致死，是因為受到雄性成年海豚的猛烈攻擊，原因可能類似於獅子殺嬰。雌性海豚在喪子後的一～兩週內，會重新與雄性海豚交配。

我們從這些事例可以看出，動物可能是透過親殺行為，來促使雌性個體從哺乳期個體，重新變為交配期個體。我們也可推測，對成年雌性個體的哺育能力，幼年個體應該存在著一定的回饋，並且在這一轉變之前，成年雄性個體間往往會為爭奪領地或霸主地位，進行激烈的爭奪，並且可能在決鬥中丟掉性命。

⊙ 食物資源的短缺

一些成年的雌性動物在外界條件惡劣、食物短缺的情況下，為使更多幼體存活，往往會與其他幼仔共同分食其中一些比較弱小、缺乏活力的個體，從而渡過難關。比如狐狸家族。如果食物依然缺乏，最弱的一隻幼仔就倒楣了。這種行為會延續下去，直到找到食物。

動物的親殺行為，不僅局限在父母對子女的殺戮等同種生物之間，還存在於不同生物之間。廣漠草原上，限制大型肉食動物繁殖的因素，仍是草食動物的數量、棲息領地的大小，而種與種之間的競爭，已不再局限於在對食物和領地的爭奪上了。由於具有強大的奔跑能力，與獅子比起來，獵豹在捕食善於奔跑的羚羊方面更具優勢，從而使獅子的生存競爭處於劣勢；為了讓幼獅在出生後有足夠的食物，母獅便會屠殺獵豹幼仔，從而減少獵豹對羚羊的捕獵量，同時也為自己的子女減輕未來生存競爭的壓力。

➀ 環境惡化誘導

我們經常會看到這樣的報導：透過引進新的繁殖技術，動物園老虎或獅子一次繁殖了好多隻，然而不久就相繼夭折，存活下來的也是岌岌可危。

為什麼會出現這樣的情形呢？

其實，由於老虎或獅子身困囚籠，經常受遊人騷擾，本身就已處在焦躁緊張的狀態。而被驚擾之餘，更會擔心自己的孩子遭受同等厄運，卻無法帶著那麼多幼仔離開，只好自己吃掉。

我們也能在親殺行為中，發現一些無意識的做法，比如雞在非繁殖期時，有時會用喙啄破窩邊的雞蛋，甚至啄食其中的卵，無論是哪隻雞的蛋，都會成為牠的「美食」。雞是缺乏食物還是完全出於遊戲？這個問題至今不得而知；然而，在野雞身上，這種行為從未發生過，或許是因野雞只能產下十幾顆蛋，繁殖能力較低，並且還要計算天敵襲擊造成的損失，自然會倍加愛護後代了。而野雞在人類的改造下，變為了家禽，提高了下蛋量，此時反倒肆無忌憚了。人為因素在這裡是關鍵作用，動物的天性也在改造中成了犧牲品。

⊙ 其他親殺行為

動物的親殺行為除了殺死自己的幼仔外，還包括幼仔間的生存競爭。在眾多幼仔看來，父母的精力畢竟有限，有的甚至為了獲得更多的食物與照料，在出生前就已開始互相殘殺。

比如虎鯊的幼魚，在出生前牙齒就已經很鋒利，而雌性虎鯊一次會產下幾百條幼鯊，然而真正能夠活下來的只有一條。可以想像，虎鯊要經過多少次激烈的搏殺，才能來到這個世界上！因此在牠降臨於世的一剎那，作為一名獵手就已經十分出眾了。

當然，父母有時也會給子女不公平的地位競爭，比如白鷺，一次只產三顆蛋，前兩顆分別含有大量的生長激素和其他有助於牠們生長的化學物質，而第三顆蛋只獲得前者一半的生長激素。這些物質決定了白鷺幼鳥的本性好鬥，當三顆蛋正常孵化，幼鳥正常生長時，由於獲得了較多的營養，前兩隻好鬥，第三隻幼鳥就會被殺死。如果前兩隻中夭折了一隻，第三隻幼鳥便能夠活下去。不難看出，第三顆蛋不過是雌白鷺為自己能夠正常哺育兩隻幼鳥的備用而已。

總而言之，動物的親殺行為並不是生物界的一種必然現象，它往往受到多方面的影響，比如食物的短缺、生存空間的相對縮小、優勢個體的保留以及對領袖地位的占有等等。這裡的氣息比自然界普通的捕食更為殘酷血腥，在生存的渴求下，似乎依偎的親情也逐漸被淡忘。

相關連結——動物的「殺過行為」

是夜，風雨交加，一隻赤狐竄入海鷗的棲息地，輕而易舉咬死了十五隻海鷗，但既沒吃，也沒帶走，而是空嘴揚長而去；後來又有一隻赤狐夜闖民宅，一口氣在雞舍咬死了十三隻雞，但僅叼走一隻；一隻花豹一次殺死了十七隻山羊，然後有序將這十七具屍體排列在一起，接著溜之大吉；在北冰洋，一頭北極熊同時殺死了二十一頭獨角鯨；幾隻狼一下子咬死了幾十頭小馴鹿；貓頭鷹遇到鼠類後，即使已經吃飽了，不管數量多少，必定全部將其咬死才甘休……

以上現象表明，有時食肉動物一次殺死的獵物數量，遠遠超過自身的食量，這種行為就被稱為動物的「殺過行為」。

至於動物「殺過」的原因，目前科學家沒有一致的看法。有的認為，「殺過」是兇猛食肉動物的本性——殘忍好殺；有的認為這屬於偶然現象，並非每次捕獵都是殺過。這種殺過行為是由於接近獵物時，受到被害動物的驚嚇、竄逃或狂叫的刺激而引起，並不像前面提到的是殘忍本性所決定。然而，較多的科學家認為，殺過的成因不能一概而論，對動物的殺過行為要作區別對待，有的動物出於本性，有的動物確是受到刺激而引起，有的動物也可能兼而有之。

動物發光之謎

在盛夏的夜晚，我們喜歡在庭院中納涼或到田間散步，可以看到螢火蟲打著小燈籠忙碌，淡綠的螢火一閃一滅，為夏天的夜晚增添了許多趣味。

說到發光，在生物世界裡，我們首先會想到螢火蟲，但除了這種昆蟲外，還有許多生物也能發光，而且光就是牠們的一種謀生手段，比如一些深海魚類；夜晚常在近海作業的漁民或者是長住海邊的人，經常都能看到海面上有光帶閃爍，這就是一些藻類發出的光，當它們受到驚擾時或是在大量繁殖時，似乎海洋都開始燃燒；有的時候，我們晚上在海灘上散步，能從海灘上找到沙蠶，這種動物也能發光。除此之外，能發光的動物還有水母、珊瑚、某些貝類和蠕蟲等。而世界上能發光的生物，以海洋生物最多。

⊙ 哪些動物會發光

不同的生物，發出的光色也不同。比如在陽光照射後，所有植物都會發出一種很黯淡的紅光，微生物一般都會發出淡淡的藍光或綠光，某些昆蟲會發黃光。

在海洋中，主要有細菌、海綿、蠕蟲、真菌、甲殼類、水母、珊瑚蟲、魚類、軟體動物等生物能發光。隱藻（Cryptophyta）是一種單細胞鞭毛藻，綠色，也發出綠光，如同盛開在海面上的綠色花朵。這些美麗的花朵很好看，但黏質有毒，不能觸碰。

有一種可以發出斑狀的紅色閃光的甲藻（Dinoflagellata），一到夜晚就發光，有時船上的白帆也被映得紅光閃爍。更有趣的是，有一種蟲生殖過程中會發光，雌蟲剛開始先發出的光連續而強烈，雄蟲則一閃一閃、斷斷續續。雌蟲到交配時先發出蒼白的光，然後整個身體突然都放射出光芒，同時向水中瀉出一些五公分左右的球，形成一個光圈；而在距雌蟲三～五公尺遠處，雄蟲則斷續閃爍發光，好像在為雌蟲歡呼，又好像在等雌蟲的回應。同時從深處斜向直撲雌蟲的發光中心，與雌蟲準確會合。然後這對「戀人」便翩翩起舞，同時瀉出幾顆發光的大圓球，向水中排出精子和卵子。

作為一種腹足綱動物，夜光蠑螺（Turbo marmoratus）是最美的發光動物，形狀很像一隻大田螺。殼高與寬均約十七公分，以海藻為食。夜光螺會在月光下閃閃發光。用牠作為原料，漁民可製成酒杯，從而再現「葡萄美酒夜光杯」。

有一種長約三公分左右的土甲蟲，生活在加里曼丹腹地密林中，被人們稱為「手電筒蟲」。牠的胸部兩側各有一處能夠發出亮光的透明小圓窗，而且每次發光能持續五分鐘之久。當地居民將長約十二公分的甘蔗掏空，再捉五～六隻手電筒蟲放在裡面，只要打開蓋子，輕輕在筒上敲打幾下，「手電筒」就會發光。如果「電池」用完了，可以臨時再捉幾隻「手電筒蟲」換進去，既簡單又方便。

南美洲還有一種會以自身變幻的燈光報警的螢火蟲。當四周平安無事，牠的頭頂上會發出紅色的螢光；當附近出現敵害或有危險情況來臨時，牠會以一種特殊的方式報警：熄滅頭頂的紅燈，而以尾部發出綠色螢光，同伴發現綠色報警訊號，便會立刻分散逃匿。

還有一種松球魚（Monocentris japonica）像燈籠一樣，因為外形長得像鳳梨，因此歐洲人又叫牠「鳳梨魚」。夜間，松球魚像是掛在水中的一盞盞燈籠，在水中飄來蕩去，整個海底世界被牠妝點得頗具節日氣氛。

⊙ 動物的發光方式

研究發現，動物發光是因具有發光細胞、或由發光細胞構成的發光器。發光細胞是起源於皮膚變異，特化的腺細胞，能分泌螢光素和螢光素酶。如果同時含有螢光素和螢光素酶，那麼在細胞內就可發光，這種方式稱為細胞內發光；如果發光細胞內僅含有螢光素或螢光素酶，那麼就必須在分別含有螢光素和螢光素酶的不同發光細胞之分泌物相遇時才能發光，這種方式稱為細胞外發光。

細胞內發光的有細菌、單細胞動物、低等無脊椎動物、螢火蟲和某些魚類等生物群落；而細胞外發光的有水母、介形綱（Ostracoda）、高等無脊椎動物以及某些魚類等生物群落。受到刺激後，某些蚯蚓能從背孔排出一種淡黃色黏液，與空氣接觸後就會發出一種黃綠色光。

有些發光動物既有發光細胞，還有發光器（由發光細胞、色素層、反光層和水晶體所構成的），其結構正好與光感接受器（眼睛）相反。某些發光群落如櫻蝦（Sergia lucens）、磷蝦、頭足綱（Cephalopoda）和魚類等都有相當複雜的發光器。其發光器的數目和排列方式在同種動物中不變，所以發光器在動物分類學上意義重大。魚類的發光器多分布於頭部和上下頜，尤為眼睛的下方和後方，以及身體兩側和腹面，身體背面沒有發光器，這反映魚類發光照明的區域，只有身體前面和下面。

有些動物因為與發光細菌共生，雖然沒有發光細胞也能發光，不少魚類即是如此。

⊙ 動物發光的作用

發光作為一種生物行為，具體說就是一種生物通訊。那麼動物發光是為了什麼？發光具有哪些用途？

第一，求偶。動物在生殖季節透過發光招引配偶，從而實現交配，利於傳種繁衍後代。螢火蟲的發光就很典型，並且訊號系統非常複雜。雄蟲夜間在林中飛翔時，透過向配偶發出呼籲訊號（有節奏的閃光），而雌蟲則立即發出應答訊號。這兩種訊號（呼與應）的時間間隔十分嚴格，很有規律。不同種類的螢火蟲閃光類型不同。種類不同，閃光頻率、強度和顏色也不同。這種不同的閃光類型就成為訊號語言，用來說明異種互相辨別和同種雌雄求偶。如果雄蟲判斷失誤，或雌蟲發出的應答訊號太早或太遲，長翅的「求婚者」就可能犧牲生命，因為雌蟲會吃掉比自身小很多的雄蟲。

第二，引誘食餌。有許多雙翅目（Diptera）幼蟲生活在紐西蘭一個村莊附近的山洞裡，透過發光與發出黏液絲，可以吸引和捕食細小昆蟲；深海有的鮟鱇魚（Lophiiformes），其背鰭的第一鰭條演變為能發光的釣竿，透過明暗閃光吸引把小魚吸引過來，進而將牠們吞食掉

第三，防禦敵害。槍魷（Loliginidae）和烏賊遇到敵害時，會透過發放一團團液態火焰自衛，形狀、大小往往和牠們的體型差不多，這樣就會誤導追蹤者進攻其替身——發光的火團，而不去追捕被追捕者自身，從而使追蹤者受騙上當。與此同時，槍烏賊和烏賊便趁機逃生，這種自衛方式，與噴射墨汁禦敵的道理非常相似。在被置於捕食者「虎口」的一瞬間，有的發光動物會突然

發出閃光，令捕食者目瞪口呆，趁機逃走；甚至有的發光動物在被切成兩段時，尾段繼續發光，而立即熄滅頭段的燈，變成黑色；捕食者吞食了尾段，頭段則在趁機逃走之後，「再生」出尾段。

動物藉發光誘食與禦敵的生物學意義，必須說明的一點是：不管是誘食還是禦敵，發光器與深海生活之間並無必然聯繫，因為這將導致發光動物暴露自身，違背其為誘食和禦敵而發光的「初衷」，所以和人們在夜間行走而手提照明燈的情況並不相同。何況也有生活於海面或接近於海面的魚類具有發光器，結構甚至還相當複雜；相反，也有沒有發光器、永久生活於深海的魚類。如此看來，生物發光的生物學意義，尚有進一步深入研究的必要。

相關連結──螢火蟲的發光原理

螢火蟲有許多種，有的螢火蟲變成成蟲後反而不發光，只在幼蟲時發光。從前很多人認為：螢火蟲發光這種訊號，是為了向異性求愛，但在大自然裡還有許多螢火蟲不發光，而且有的在卵和幼蟲時發光，可見上面的對發光的解釋難以令人信服。

對螢火蟲的發光目的進行了種種考察後，日本螢火蟲專家神田左京僅，僅得出了「由於螢火蟲體內有發光物質，所以能夠發光」的結論。這樣看來，螢火蟲發光的目的，如果不問螢火蟲本身，我們無從得知。

透過調查研究，現在人們得知，螢火蟲之所以能夠發光，是因為存在於其體內的發光物質發生了化學變化，這種化學變化稱為螢光素（Luciferin），是一種酶反應。早在一九一六年，就有人發現了這種反應，又有人在一九五七年分離出螢光素；懷特（John White）等人在一九六一年推導了它的結構，透過合成，他們還確定了它是具有D-型結構。

螢火蟲在進行生物發光時需要許多物質，比如D-螢光素、螢光素酶、腺苷三磷酸（ATP）、正二價鎂離子（Mg2+）和氧等。但是，L螢光素——天然螢光素的對映體卻不發光。透過其它化學發光物質及螢光素的模擬化合物的發光機理，可類推這種發光反應中的化學變化，現在認為它是按照這樣的方式來發光：

首先，在鎂離子的存在下，螢光素受螢光素酶的作用，與ATP反應，生成螢光素腺苷酸和焦磷酸。

第二步，在螢光素酶的作用下，螢光素腺苷酸進一步與分子氧反應，生成氫過氧化物陰離子，這種陰離子是按照發光反應第一步的途徑，可以生成含有螢光素腺苷酸和焦磷油的二氧四環化合物。但由於這種化合物是能量很高且不穩定，所以它會很快就會分解，放出二氧化碳，生成一種羰基化合物，這時羰基化合物一直是處於激發狀態。透過模擬實驗人們發現，它直接發出來的光是紅光，而實際上螢火蟲發出來的光，是由羰基化合物再脫掉一個質子後，生成的陰離子所發出的光，所以是黃綠色。

神祕的「大象墓園」

有一種傳說：大象在臨死前，一定要找到一個祕密的墓地。一支探險隊在大約五十年前的非洲密林裡，發現了一個洞窟，裡面有成堆的象牙和象骨。這一發現當時轟動了世界，許多人斷定這就是傳說中大象的墓地。

在野象的天國非洲，經常有人為了獲得價格昂貴的象牙而深入密林探險，四處尋找大象的墓地。一個非洲土著部落酋長曾說，有一次他打獵時迷路了，路上發現了一個大岩洞，裡面白骨累累，而且他親眼看見一頭大象走進裡面，然後死去，似乎是大象的墓地；但當後來人們按照他所說的去尋找時，卻什麼也沒發現。

一般野象都是老死的，但人們在密林中，卻根本找不到牠們的屍體。於是一些科學家提出這樣一個觀點：大象是在某一個地方集中結束生命，可是對於大象為什麼要死在一起、又如何在臨死前找到墓地，他們又無法解釋。也有的動物學家認為，象群會集體埋葬死亡的大象，但為什麼人們找不到大象的墓地呢？

➀「大象葬禮」真的存在嗎

一九七八年十二月，一位動物學家在調查非洲象的分布時，聲稱他遇到了一場大象的葬禮：

「在一片草原（距離密林不到七十公尺）上，幾十頭大象圍著一頭患了重病的老年雌象。不一會兒，老象低著頭蹲了下來，不停喘著粗氣，耳朵還不時煽動一下，發出的聲音有些低沉。圍在四周的象把附近的草葉用鼻子捲成一束，餵到雌象嘴邊，可是這隻雌象已經什麼都吃不下了，只能艱難支撐著身體。最後雌象終於支持不住，倒在地上死了。這時，周圍的象群發出一陣哀號，為首的雄象用自己的象牙掘鬆地上的泥土，並把土塊用鼻子捲起，投到死象身上。然後其它大象便像這只雄象一樣，用鼻子把石塊、泥木、枯草、樹枝卷成團，投到死象身上。很快，死象就被完全掩埋了，在地面上堆起一個土墩。為首的雄象在土墩上用鼻子加土，同時用腳踩踏土墩，其餘的象也學牠，將那土墩踩成了一座堅固的『墳墓』。最後，雄象發出一聲洪亮的叫聲，象群聽到「命令」後馬上停止踩踏，開始繞著土墩緩慢走動。一直持續到太陽下山，象群才高昂著頭，甩著鼻子，扇著耳朵，戀戀不捨離開土墩，向密林深處走去。」

對於這場罕見的「大象葬禮」，眾說紛紜，有些動物學家從生物演化的角度解釋了大象的這種神祕「殯葬」行為。就像前述動物學家觀察的那樣，群居的大象可能會憐惜死去的同伴，並掩埋夥伴。大象有時候還會把象骨和象牙用長長的鼻子捲起，放到某一個集中的處所作為牠們的「公墓區」。但可能因為象牙是大象生命的某種象徵物，所以有些時候大象會將死去同伴的象牙拿走。但一些科學家仍認為現在只是聽到許多的報告，目前還缺少足夠確鑿的資料證實大象的「殯葬」行為。

⊙ 大象墓園的傳說

作為一種很有靈性的動物，除遭遇橫禍暴斃荒野的，大象一般都能準確預感到自己的死期。大象在死神降臨前的半個月左右，便會主動離開象群，告別同伴，獨自走到遙遠而神祕的象塚。

每群象都有一個象塚，或者是一個巨大的溶洞，或者是一條深深的雨裂溝，也或者是地震留下的一塊凹坑。不管生前浪跡到何方，凡是屬於這個群落裡所有的象，最後必定在同一個象塚找到歸宿。讓人驚奇的是，從出生到臨終，小象即使從未到過象塚，都會憑著一種神祕力量的指引，在生命的最後時刻，準確無誤地找到屬於自己群落的象塚。

追尋「大象墓園」這個傳說，前蘇聯探險家曾經去非洲的肯亞尋找象牙。據說有一天他們在一座高高的山頂上，看見對面山上有許多白花花的動物屍骨堆，一頭大象正搖搖擺擺走到骨堆旁邊，然後哀叫一聲，倒地而亡。兄弟倆驚喜萬分，認為那裡一定是大象的墓地，馬上跑過去；但在途中他們卻遭到野獸襲擊，前面又是神祕的沼澤，因此只好放棄了。

不過，是否真的有人去過那裡，一直無法得到確證，所以人們一直懷疑大象墓園的傳說。更多學者認為，象牙自從被列入貴重商品的行列後，在非洲的地位越來越高，而且有關動物生活習性的那些神祕說法也逐漸走樣。特別是當法律禁止獵殺大象的行為後，為達到不可告人的目的，一些偷獵者便故意渲染所謂「大象墓園」的傳說，名義上是探險、科學考察，背地裡卻肆意捕殺大象、攫取象牙，然後事後聲稱象牙是自己在「大象墓地」中找到。

新知博覽——巨鯨為何集體自殺

按常理，動物似乎很難會有輕生行為。在我們的印象中，動物的死亡往往來自外因或者衰老，而不是自殺。實際上，自然界中的確存在動物的大規模集體自殺行為，而且還十分駭人聽聞，例如每年全球各處，都有自行擱淺、或衝上沙灘集體死亡的鯨魚。

一九四六年十月，八百多條偽虎鯨（Pseudorca crassidens）衝上阿根廷馬德普拉塔城的海濱浴場，全部死亡；而僅在南非，自一九六三年以來，自行擱淺自殺的鯨魚，至少就有一百六十多條，人們只能看著牠們死去，束手無策。

為何鯨魚會擱淺自殺？對此眾說紛紜，但大多認為是與牠們的回聲定位系統有關。

同海豚相似，鯨魚並不是靠眼睛辨別方向。與身材極不相稱，鯨魚的眼睛大小和一個小西瓜差不多，且視覺退化到視距十七公尺以內。一頭巨大的鯨魚，甚至都不能看全自己的身體。那鯨魚又是靠什麼來測物、覓食和導航呢？那是因為，鯨魚具有高靈敏度的回聲測距本領，牠們能發射出的超音波頻率範圍極廣。這種超音波遇到障礙物會反射回來，而鯨魚就能準確判斷自己與障礙物的距離，定位的誤差很小。

一種說法認為，鯨魚游進海灣是為了追食魚群，當鯨魚靠近海邊，向海灘發射超音波時，因為斜坡較大，所以回聲的誤差往往很大，甚至完全接收不到回聲。鯨魚因此迷失方向，從而釀成喪身之禍。

透過解剖數頭衝進海灘擱淺自殺的鯨魚，又有一些科學家發現：絕大多數死鯨的氣腔兩面紅腫病變，因此認為由於其定位系統病變，導致了鯨魚擱淺。而鯨魚是戀群動物，如果有一頭鯨魚衝進海灘而擱淺，那麼其餘的鯨魚也會跟上，以致接二連三地擱淺，造成集體自殺的慘劇。

奇異的動物「共生」現象

人類經常見到不同種類的生物相互逐殺和爭鬥，然而，奇妙的大自然中還有另外一種動物關係，就是「共生」，也就是兩種不同的生物相互依存。

⊙ 海葵與小丑魚

海洋中最著名的共生夥伴當屬海葵和小丑魚（Amphiprion ocellaris）了。海葵色彩豔麗，棲息在淺海或環形礁湖的海底；小丑魚很小，最長的不過十幾公分。

小丑魚之所以與海葵共生，主要是為了尋求庇護。海葵既可以保護小丑魚，還能提供食物。浮游生物是小丑魚的主要食物，但也經常會扯下海葵壞死的觸手，吃上面的刺細胞和藻類，而小丑魚幫助海葵清理；海葵無法移動位置，所以很容易因細沙、生物屍體或自己的排泄物掩埋而窒息，而小丑魚可以在海葵的觸手之間遊蕩，透過攪動海水、沖走海葵身上的「塵埃」。如果海葵身上落有較大的東西，小丑魚便立即叼走。

⊙ 犀牛與犀牛鳥

犀牛一旦發脾氣，大象也要遠遠地躲避。這個傢伙非常粗暴，卻也有「知心朋友」——犀牛鳥（Rhino bird）。犀牛皮膚堅厚，但皮膚的褶皺之間非常嫩薄，經常遭到寄生蟲和吸血昆蟲的攻擊。除了往身上塗泥來防治害蟲外，犀牛主要還是依靠犀牛鳥。這種鳥停棲在犀牛背上，可以啄食那些害蟲。此外，對犀牛來說，犀牛鳥還有一種特殊價值，牠會及時向犀牛報警。因為雖然犀牛的嗅覺和聽覺非常靈敏，視力卻非常差，當有敵害悄悄地向犀牛發動襲擊時，犀牛鳥就會飛上飛下，以此讓犀牛引起注意。

⊙ 鱷魚與埃及鴴

在埃及的尼羅河中鱷魚與埃及鴴（Pluvianus aegyptius）。的關係更讓人覺得驚險。鱷魚每當飽餐一頓後，會張開大嘴懶洋洋躺在沙灘上，這時匪夷所思的事情就發生了：埃及鴴跳進鱷魚的嘴裡，在鱷魚的牙縫中用牠長長的嘴巴吸食食物殘渣。當為一條鱷魚做完「清潔」工作後，埃及鴴就會飛到另外一條鱷魚嘴裡，繼續工作。

透過這種合作，鱷魚和埃及鴴實現了雙贏：鱷魚清潔了口腔，而埃及鴴則填飽了肚子。鱷魚生性兇猛殘暴，經常攻擊人畜，卻從不傷害埃及鴴。埃及鴴在為鱷魚「清潔」口腔時，時間一長，鱷魚會昏昏欲睡，並且不自覺把嘴閉上。只要這時埃及鴴用喙在牠嘴裡啄一下，牠就會繼續張開大嘴，讓埃及鴴繼續工作。

⊙ 共存的六獸

在乾旱的喀拉哈里沙漠，生活著七種主要食肉獸：獅子、斑鬣狗（Crocuta crocuta）、野狗、棕鬣狗（Parahyaena brunnea）、豹、黑背胡狼（Canis mesomelas）等。生物學從強到弱，按牠們的權力順序依次列出了六份檔案：獅子是頭號強者，占絕對優勢；斑鬣狗是第二號強者，而最大的鬣狗，個頭僅次於獅子，除獅子以外，其他食肉獸見了牠們高傲而猙獰的面目往往都退避三舍；成群的搜食者——野狗是第三號強者；棕鬣狗是世界上四種鬣狗中最珍稀的一種，為第四號強者，由於對南非乾旱、半乾旱地區的有著極強的適應能力，所以在喀拉哈里沙漠中一直保持著可觀的數量。

豹屬於第五號強者，是孤獨的潛隨獵物者，雖然性情兇猛，但孤獨的個性使牠平時喜歡伏在樹枝上，並且伺機襲擊過往的動物。雖然是獸類中的奔跑冠軍，但豹見到其他食肉獸時總是憂心忡忡，屬於是第五號強者；雖然黑背胡狼是六種食肉獸中最弱的，但他們是一群足智多謀的傢伙，常常可以智勝所有競爭者而獲得豐盛的美餐。

雖然在六種食肉獸之間也有互相殘殺的事例，但並不嚴重。據生物學家多年的實地觀察發現，雖然獅子偶爾捕食棕鬣狗，但牠們的主要食物是有蹄動物；豹可能是捕殺其他食肉獸（如黑背胡狼、幼棕鬣狗、幼獅等）最多的野獸，不過主要還以草食獸和齧齒動物為食；棕鬣狗群居穴內，所以很難被食肉獸偷食；在喀拉哈里沙漠中，斑鬣狗和野狗雖分別屬於二三號強手，但數量不多，影響不大；至於豹，不敢襲擊其他六種食肉獸，殺死草食動物只能憑自己快速捕獵的技能，從而為自己提供一部分食物。這樣，六種食肉獸在喀拉哈里沙漠上的關係可以表述為：各盡其能，相互依賴；雖有衝突，無關大局，這也是牠們能長期共存的原因。

點擊謎團——動物互相幫助之謎

看到動物幫助其它動物，我們常常會驚訝不已。比如，海豚就特別熱愛幫助同類，甚至人類，無私奉獻。此外，我們還經常看到和貓打成一片的老鼠、由狗養育的小貓，還有烏鴉親切地餵養小貓等等。

按動物學家所述，簡單說，就是動物不自知。動物行為學家稱獲知身份的過程為銘印(Imprinting)，在動物成長時常常發生這一現象，然而，有時這一發展也會出錯。

多年前，倫敦動物園裡的雌熊貓其其，和莫斯科動物園的雄熊貓安安成親。雖然安安很樂意，但其其卻一點「性致」也沒有。現在我們清楚了，這是因為其其是由人類一手養大的，所以牠不知道自己是一隻熊貓。所以多年之後，當科學家拯救瀕臨滅絕的加州禿鷹，飼養員餵養人工孵化的小禿鷹時，總是要戴上一個有成年禿鷹圖案的手套小心照顧牠。

然而，印記也會造成其它問題，這就是為什麼一些跨種合作會帶來災難性後果。比如，將雞蛋放到鴨窩裡，讓鴨子孵蛋，就像孵化自己的寶寶一樣；但當母鴨領著自己的寶寶去附近的小溪裡游泳時，不幸的事情發生了——顯然小雞不會游泳。

銘印是指動物在初生嬰幼期間，對環境刺激所表現的一種原始而快速的學習方式。比如，剛孵出的雛鴨會跟隨依附最早注意到的環境中會移動的客體，如果是母鴨，雛鴨會跟隨；但是如過出現的是母雞或人，甚至是移動的玩具，牠照樣也會跟隨。從表面看，動物此種原始的特殊反應與其生存本能有關。

許多科學家提出，這種錯誤的銘印，會隱藏在所有明顯的跨種合作的背後，其中一個引起爭論的就是動物行為循環，是動物的一種「自我感覺」。比如說，雖然海豚明白自己是海豚，但還想知道一些酷似海豚的其它動物（如侏儒抹香鯨）。這可能可以解釋為什麼海豚會將侏儒抹香鯨誤認為是海豚，並且幫助牠。

動物之間的求愛行為

動物是如何求愛的呢？我們先來看看一九八五年九月發生在美國的一件怪事：舊金山對面的理查森灣附近，每天晚上都會傳出很高、很吵的怪聲，據說「像一台大功率的發電機」。這種怪聲讓周圍居民煩擾不堪，於是他們四處搜尋怪聲來源，最後發現這聲音來自海底。

人們請來了加利福尼亞大學的聲學工程師，在研究了這種聲音後，終於明白了怪聲的來源：唱歌的原來是蟾蜍，這是一種求偶的表現。牠呼喚雌性蟾蜍前來交配，並警告其他雄性同類不得靠近。

其實，在生物界中用叫聲求偶的動物很多，除了蟾蜍，還有蛙類、蟋蟀等等。

⊙ 鳴聲示愛

宋詩有云：「黃梅時節家家雨，青草池塘處處蛙。」頗為美妙傳神描寫了蛙鳴。但作者可能沒想到，他無意中描寫了雄蛙的求愛儀式。在求偶時，蛙喜歡「大家一起來」的方式。雄蛙會在河流或池塘裡集體蹲踞，鼓起腮來呱呱鳴叫，透過叫聲吸引雌蛙，與之交配產卵。某些種類的青蛙，還會有一隻蛙在大合唱時充當指揮，領導大家一起呱呱鳴叫。

在求愛方面，雄蟋蟀也頗有心計，首先會在地面上營造一個有兩條入口隧道的巢穴，然後在兩條隧道交叉處蹲踞，透過互相摩擦前翅發出一種顫音。隧道的特殊形狀正適合擴大蟋蟀發出的聲音，透過這種自製的「揚聲器」，可以播出響亮於原音的求偶曲，從洞口經過的雌蟋蟀便會被吸引。

⊙ 比美與格鬥

在求偶時，有些動物還會透過展示自己的美麗來達到求偶目的，這種方式在鳥類中比較常見。以孔雀為例，雌孔雀羽毛顏色樸素，相貌較為醜陋；而雄雀不僅羽毛色彩斑斕，而且尾巴很長。因此在求愛時，雄鳥就會昂首闊步，豎起尾羽，張開成扇形，闊約一百五十公分；同時還會發出響亮尖銳的叫聲，吸引雌鳥注意。

與孔雀的情況類似，雄鹿比雌鹿更漂亮，頭頂鹿角雄壯威武。雄鹿之所以會長角，是因為這可以用作與其他雄鹿爭奪雌鹿的武器。鹿角每當秋末冬初就會硬化，兩隻雄鹿一旦相遇，就會展開激烈的格鬥，失敗者將失去配偶。體格健壯的雄鹿擄獲佳鹿傾心後，就開始繁殖下一代。

⊙ 愛情密碼

螢火蟲的求偶是靠準確的閃光密碼來實現，雄蟲可以吸引異性，雌蟲則利用閃光表示自己已收到資訊。每一種螢火蟲的閃光密碼或長或短，或複雜或簡單，都有各自一套。

大多數螢火蟲求偶時，對其他螢火蟲的閃光訊號都無動於衷。比如美國黑螢火蟲，雄蟲飛行時每五點七秒閃一次光，在牠距離地上的雌性同類只有三～四公尺時，雌蟲就會閃光回應，每次比雄蟲閃光的時間晚二點一秒。還有一種螢火蟲，雄性每隔一點五秒閃光兩次，而雌蟲則隔一秒鐘發光回應。還有些雄蟲，在飛行時發橙色光，地面雌蟲則透過發綠色光回應。

不過，螢火蟲的這種愛情密碼也不是無法破解。為了引誘該種類的雄蟲，有一種雌螢火蟲就慣於模仿另一種雌螢火蟲的密碼。

⊙ 浪漫的求婚

動物的求婚方式也有很多，比如有些動物是透過唱歌跳舞。最動聽的情歌當然屬於鳥類了。到了發情期，巨嘴柳鶯（Phylloscopus schwarzi）的雄鳥便從早到晚不停歌唱，若雌鳥有意，便會發出「喳喳」的聲音，然後馬上飛向雌鳥，互相摩擦身體表示親近，纏綿之狀很是動人。

白鶴的重要求婚方式之一是舞蹈，舞姿不但優美，而且有特殊的含義。而往往以獨舞向異性求愛：先是昂首挺胸站在原地，然後張開雙翅，接著扇動翅膀，雙足躍起離開地面，煞是美麗。

延伸閱讀——動物的「婚戀」奇聞

人間有萬象百態的婚戀，而動物的「婚戀」也同樣無奇不有。動物界中有許多和諧伉儷，像人類一樣情深意重、生活美滿。例如，美洲的鸚鵡不僅長得美麗，還是動物界最溫柔的情侶。雌、雄鸚鵡在漫長的歲月裡都會踏實生活一起，在任何情況下都互相扶持。雄鸚鵡為了保持良好的婚姻關係，經常向伴侶奉送禮物，不管是從熱帶雨林裡摘回的可口水果，還是用喙鑿開最硬的巴西核桃。雙方喙對喙相互傳遞美味佳餚，不過雌鸚鵡總是吃掉最大的一塊。日久天長，食物逐漸減少，卻保持了「接吻」的習慣。

人類在婚配前，男方往往會送給女方彩禮，殊不知，動物界中也有同樣的習俗。在尋偶時，雄性野蜘蛛每每都會送禮物給雌蜘蛛。牠必須在出發前抓到一個俘虜——蒼蠅或蚊子，然後把俘虜用絲縛住，歷盡艱辛，背著沉重的包袱，直到找到一個雌性野蜘蛛，才卸下包袱，算是給新娘的見面禮。只有接受了禮物，雌性野蜘蛛才肯獻上愛情，這可算是一樁名副其實的「買賣婚姻」了。

牛虻（Tabanus bovinus）是一種肉食性動物，牠們絕大多數的食物是昆蟲。在向雌牛虻送禮求婚時雄牛虻很鄭重，先用自身分泌物做一個小籃子，再把小昆蟲盛到籃子裡當禮物饋贈對方。有些雄牛虻抓不到小蟲，就送個空籃子或在籃子裡裝個假禮物騙婚，而雌牛虻往往也會上當受騙。

動物的婚戀一般也會遵循優勝劣汰的自然法則。雖然身強力壯的雄性占優勢，但透過努力，弱小的雄性往往也能達到目的。比如，雄性黑猩猩首領往往對雌性張牙舞爪，但雌性卻並不把牠們放在眼裡；夜幕降臨時，許多雌性黑猩猩常常會攜帶著雖然較為弱小但自認為滿意的對象，雙雙度「蜜月」。正因為如此，一些強大的雄性動物對「愛妻」不甚放心，惟恐第三者插足。

世界上長相最怪異的動物

在奇妙的動物世界裡，有很多長得奇形怪狀的「醜八怪」。但外貌奇怪的動物也有生存權，而很多動物面貌奇怪，不過是維持生存的一種手段而已。

⊙ 指猴

指猴（Daubentonia madagascariensis）的體型和大老鼠差不多。牠們體長三十六～四十四公分，尾長五十～六十公分，體重兩公斤，主要在熱帶雨林的大樹枝或樹幹上棲息，在樹洞或樹枝上築球形巢。牠們多在夜間活動，生活或單獨或成對，喜歡吃昆蟲、甘蔗、芒果、可可等。覓食的時候，常常用中指敲擊樹皮，判斷有沒有空洞，然後貼耳細聽，如有蟲響，則用門齒將樹皮齧一小洞，再將蟲用中指摳出。

指猴是瀕危物種，因為一些馬達加斯加島村民把牠們視為邪惡的預兆，因此當村民碰到時就會殺死牠。

⊙ 蝙蝠魚

蝙蝠魚（Ogcocephalus）體細長，頭寬而扁，頭體均帶著堅硬的結突或棘刺，最大體長達三十六公分，有些生活在淺水部位，多生活於深海。蝙蝠魚使用胸鰭與腹鰭行走，遇有危險或受驚嚇時，則會像青蛙一樣跳動逃走。

蝙蝠魚是一種長相非常奇怪的生物，身體也布滿了疙瘩，常常令人感到毛骨悚然。

⊙ 角高體金眼鯛

角高體金眼鯛（Anoplogaster cornuta），又稱尖牙魚，得名於牠的大牙。樣子看起來深具威脅，駭人的外表也讓牠得到了「食人魔魚」這樣恐怖的名字。儘管外表兇猛，但其實牠們對人類的危害很小，甚至沒有。牠們能長到十五公分左右，但相對自身身體來說，牠們有非常大的牙齒。

⊙ 盲鰻

盲鰻（Myxini）的身體很像河鰻，但頭部無上下頷，口如吸盤，長著銳利的角質齒；鰓呈囊狀，內鰓孔與咽直接相連，為了使身體前部深入寄主組織而不影響呼吸，外鰓孔在離口很遠的後面向外開口。

盲鰻通常會憑藉吸盤吸附在大魚身上，然後從鰓尋機鑽入魚腹。由於在魚體內長期過著寄生生活，眼睛已退化藏於皮下。牠的嗅覺和口端四對觸鬚的觸覺非常靈敏，能迅速感知大魚的到來。牠們在遭到抓捕時會靠分泌黏液逃脫，因為當此黏液和水混合時，會變成一種又稠又黏的膠水。

⊙ 楓葉龜

楓葉龜（Chelus fimbriatus）也叫蛇頸龜，英語名「Mata mata」源自於用西班牙語，意思就是「殺吧，殺吧」。無疑，牠那奇特的外表的確震懾了我們的眼睛。

楓葉龜大而平坦、長滿瘤狀物和隆起的頭頸，是牠最具視覺衝擊力的特徵。另外，楓葉龜大嘴寬寬，一對眼睛非常小，嘴上還有角，有時會誤以為牠是一塊樹皮。

⊙ 裸鼴鼠

裸鼴鼠（Heterocephalus glaber）是東非本土動物，牠們在黑夜裡會花大多數時間挖洞。儘管牠們看起來好像一副弱不禁風的樣子，但在艱苦環境下強大的繁殖力。當裸鼴鼠的皮膚接觸到酸時，不會感到疼痛。

⊙ 長鼻猴

長鼻猴（Nasalis larvatus）只生活在東南亞的加里曼丹，鼻子大得出奇，隨著年齡的增長，雄性猴子鼻子會越來越大，最後形成紅色的大鼻子，形狀像茄子。在激動的時候，牠們的大鼻子就會向上挺立或上下搖晃，而雌性的鼻子卻比較正常。

長鼻猴通常十隻～三十隻為一群，在不到兩平方公里的範圍內活動。牠們還善游泳，常在河中一邊打鬧玩樂，一邊找東西吃，但有時牠們也能靜下來，一動不動待上好幾個小時。

⊙ 鮟鱇魚

鮟鱇魚（Lophiiformes）長著一個罕見的平平身體，上面有個超級大的、布滿牙齒的嘴巴，皮膚也黏黏的。但是，就是這麼一種外表奇異的傢伙，卻大大滿足了人們的「口福」。在歐洲和北美，有數百萬人熱愛這種味道鮮美的大魚，牠因此常常被稱為「窮人的牡蠣」。

⊙ 毒棘豹蟾魚

毒棘豹蟾魚（Opsanus tau）主要分布在西太平洋、美國麻薩諸塞州至佛羅里達州，看名字就知道十分危險。

毒棘豹蟾魚除了相貌奇異之外，還以其獨特方式上了太空。一九九七年，為了研究微重力效應，美國 NASA 的哥倫比亞號太空梭帶了一條毒棘豹蟾魚上太空，因為此魚能在很差的條件下生存，只需一點點食物就能活命。

⊙ 疣豬

疣豬（Phacochoerus africanus），是一種非洲野豬，十分與眾不同，牠有著桶一樣的身體和兇惡的面孔。疣豬的頭部大而寬，上面「點綴」有六個面部疣，另外還有長長的彎曲大獠牙，抵禦捕食者時充當武器。疣豬一般能長到二十五～三十三英寸高，體重在一百一十～三百三十磅之間。

⊙ 星鼻鼴

在加拿大東部和美國東北部的一種小型北美鼴鼠——星鼻鼴（Condylura cristata）。牠生活在潮濕的低區域，用其鼻子上的觸鬚識別食物，以小型的無脊椎動物、水生昆蟲、蠕蟲和軟體動物為食。

有報導稱，星鼻鼴是世界上進食最快的哺乳動物。另外，牠還是一個游泳高手，可以在河流和池塘底部潛伏。和其他鼴鼠一樣，星鼻鼴搜索食物時會挖淺淺的隧道，這些隧道的出口通常在水底。星鼻鼴不論白天還是晚上都很活躍，甚至在冬天也充滿活力，牠被發現可以透過隧道與雪地，以及在冰面的水下游泳。

新知博覽——動物的絕妙防身術

動物會面臨如天災、天敵、疾病等很多危險。尤其是一些弱小動物，更得隨時防備天敵的侵犯，為求得生存而與之鬥爭。可以說，動物的防敵之術五花八門、千奇百怪。

東南亞有一種可以製造替身的蜘蛛。當捕捉到飛蟲後，牠就用蛛絲層層纏繞飛蟲，纏到飛蟲的大小與自己差不多大時，就將飛蟲放到蛛網的顯著位置上。有一些飛鳥以蜘蛛為食，當牠們前來覓食是，常常會把蜘蛛的替身錯當作目標，蜘蛛自己的性命也就得以保全。

澳洲的傘蜥（Chlamydosaurus kingii），為嚇退來犯的敵人，擅長裝出一副兇狠的樣子。傘蜥一般身長一公尺左右，一受到驚嚇，牠就會鼓起頸部滿布刺狀鱗片的皮膚，形成一個直徑六十公分的圓盤，身形突然變大很多；還大張其口，露出鮮黃色的口腔，同時發出嘶嘶的響聲。天敵會以為牠是一種兇狠的動物，從而嚇跑了。

還有一種透過放屁來保護自己的放屁蟲。在遇到襲擊時，牠就會爆出一聲巨響，隨即向前來襲擊的敵人噴出臭液（混合著過氧化氫及醌醇）。待敵人從巨響和臭液中清醒過來時，放屁蟲早就逃之夭夭了。

「臭」名昭著的臭鼬，也會用毒液襲擊敵人。這種毒液奇臭無比，是一種名為硫醇的硫化物，動物中了這種毒液雖不至於喪命，但以後只要再碰上臭鼬，必定避而遠之。

深海動物的種種謎團

海洋覆蓋著地球70％以上的表面，但深海世界至今卻仍舊不太為人所知。為此，科學家紛紛利用潛水工具探測深海，也揭開了許多深海之謎。

⊙ 深海章魚有南極淵源

許多深海章魚都具有「南極血統」，大約三千萬年前，深海章魚開始遷移，當時南極洲地區溫度降低，冰層變厚，章魚被迫遷往更深的水域。同時氣候變化也使富含鹽分和氧氣的冰冷海水向北逐漸流去，順著水流，章魚便漂到世界其他海域生活了。當牠們適應新的生存環境時，便演化出新種章魚。由於深海漆黑，不需偽裝掩護，許多深海章魚便失去了防禦的墨囊。

⊙ 水下山頂上發現「陽隧足城」

陽隧足（Ophiuroidea）生活在麥誇里斷層帶（Macquarie Ridge）的一個巨大水下山頂的山腹上，模樣怪異，有上千萬隻之多，酷似一座陽隧足城。

陽隧足城的產生有很多方面的原因，首先是海山的形狀，其次是在牠上面圍繞流過的漩渦狀繞極海流，流速大約是每小時四公里。它讓陽隧足城的水下居民僅僅舉起手來就能捕捉到流過的食物，而且還清除了魚類和其他盤旋著的潛在捕食者。

⊙ 南極深海——海洋生物的搖籃

在南極深海中，有許多叫做 Cylindrarcturus 的白色甲殼類動物，也是南極深海發現的近七百多種新生物之一。這類海洋動物能在南極威德爾海水下六百～六千三百公尺深的寒冷水域中生活。

這一發現，也推翻了此前對南極海域缺乏生物多樣性的猜測。科學家還認為，可能全球所有海洋生物都發源於南極海域。二〇〇二～二〇〇五年間，一個國際科學研究小組乘坐德國研究船「極地號」，在南大洋威德爾海進行了三次考察。透過研究，發現一些有孔蟲類甚至與北冰洋的類似生物，都具有相同的遺傳基因，很可能意味著這些微小生物分布在全球任何可能的海域，「世界大同，四海一家」。不過，對極地附近緯度水域的相關研究表明，絕大多數最新發現的南極深海生物還是獨一無二。

⊙ 最北的黑燧

在北極圈深海考察的科學家，在那裡發現了所謂的黑燧——五個熱液噴射在一起。它們噴射出來的液體溫度高達攝氏三百度，而且比起已知最近的熱液噴射，這些熱液噴射還要往北一百九十二公里。當海底快速分裂時，就容易形成熱液噴射。這些熱液噴射大約離海底四層樓高，裡面還攜帶著白色的細菌。

黑燧化石暗示生命起源

科學家在中國的一所礦井內，挖掘到十四億三千萬年的黑燧化石上的有原始細菌。科學家認為，這一發現表明，生命可能起源於深海熱液噴射。這些遠古細菌吃金屬硫化物（位於「煙道」邊緣上）。目前，西澳洲發現的三十五億年的細菌塊，是已知地球上最古老的生命形式。而這一發現則表明生命的誕生地是淺海，而不是深海，但沒有回答生命起源這一問題。

海底殼上豐富的微生物

人類一度認為，海底是沒有生命的；但事實上，海底是豐富多樣的微生物家園。科學家已經發現海底含有比海水多三～四倍的細菌，從而引發這些細菌如何生存的討論。實驗室分析表明，岩石本身的化學反應能夠為生命提供能量，而這發現又一次暗示生命源於深海。

深海魚滿山產卵

一直以來人們認為，只有孤零零的幾種魚生活在黑暗、寒冷和遼闊深海下，但在二〇〇六年，這種說法被改變了。在探測到大西洋中洋脊時，科學家發現，魚類偶爾會聚集在像海山這樣的地方產卵。來自在海山上收集的大量魚類，其數量大大超過預期，就是這些聚會的證據。倘若魚類是純粹的游牧民族的話，就不會有這麼多魚一起產卵。聲學散射圖也表明，這裡有一個巨大的魚類聚會。

⊙ 巨型魷魚有巨眼

通常一隻巨型魷魚長十公尺，重四百五十多公斤。巨型魷魚有令人驚奇的巨眼，科學家解凍和解剖這種巨型魷魚後，揭開了這類動物的神祕面紗。

科學家認為，巨型魷魚擁有世界上最大的眼睛。這種巨大眼睛能幫助此種魷魚在南極水域下近公里的黑暗水域中收集更多有光線，方便鎖定獵物。這種魷魚有兩條觸角，觸角很長，每一條上有多達二十五個旋轉狀鉤；牠還有八條腕足，每一條有十九個用於固定和抓牢獵物的鉤，並能將捕獲的獵物送到嘴裡。

⊙ 深海珊瑚所創下的歷史紀錄

在水下數公里的海域中，科學家發現了一些珊瑚礁，在寒冷的水域中生長了達千年之久。地質學家和環境科學家表示，像樹木的年輪，珊瑚礁也可靠記載了全球環境變化。地質學家走遍全球，收集了許多這類珊瑚（比如來自復活節島附近的珊瑚礁）的樣品。二〇〇七年，地質學家公布了肯亞一個土壤侵蝕樣品（有三百年記錄），上面從印度洋洋底採集的珊瑚樣品。為了建立氣候變化的珊瑚文檔，他們如今正在分析在夏威夷發現的有四千歲的珊瑚。

新知博覽——魷魚的奇特性行為

透過研究數十種生活在世界各地三百～一千兩百公尺之間的魷魚，科學家發現了很多種魷魚怪異的性行為。

在仔細檢查了捕撈上來的魷魚和在博物館裡的標本後，科學家認為：能發出冷光的廣鰭八腕魷（Taningia danae），雄性會在雌性身上，用尖喙和觸手上的利爪撕開五公分深的口，然後用專門交配的附肢，將牠的「精莢」放入雌性的口中。

更神奇的是，談到南洋力士鉤魷（Moroteuthis ingens）的「精莢」，其本身就能在雌性身體上挖洞，並可能會分泌某種可以融化魷魚身體組織的酶。

生物學家研究表示，頭足綱動物，包括魷魚、烏賊和章魚的交配方式確實非常複雜，對人類來說也非常神祕。比如真烏賊（Sepia esculenta），會把臂腕纏在一起，雄烏賊會把精莢遞到雌烏賊的口膜附近；有的章魚有「交配肢」盛著精液，就像單獨的生物一樣爬進雌章魚的生殖道中。

荷蘭科學家的研究還發現，魷魚中也有「易裝癖」的情況。這種魷魚的雄性不但大小和外觀像雌性，甚至還長有雌性生殖腺。對此一個解釋就是，這種雄性魷魚會假裝雌性，從而混在雌性當中以求渾水摸魚，獲得交配機會，這在生物界確實存在，雖然聽上去很詭異。

還有一種慈鯛科魚類，生活在非洲的坦噶尼喀湖裡，一般的雄性會用強健的身軀築巢和保衛領地，以爭得雌魚的芳心。但也有一些雄魚長相很像雌魚，體形較小，會假裝成雌魚溜進「壯漢」的領地，這樣可以在「女主人」已經產下的卵上，甩上自己的精子。

深海動物的種種謎團

植物天地

認識植物世界

植物是自然界第一生產力。它們透過奇妙的光合作用，合成出有機物，提供一切動物和人類賴以生存的食物來源；它們吸收二氧化碳和其他有毒氣體，釋放氧氣，調節氣溫和雨量，發揮防塵殺菌的作用，不愧為環境的綠色衛士；它們還捨己為人，為人類提供用途廣泛的木材、醫治百病的草藥和寶貴豐富的能源。

在人類居住的地球上，生存著五十多萬種植物。它們分布廣泛，無所不在，從熱帶到寒帶，從沙漠到海洋，從高山到地下，處處都有植物生息繁衍。它們千姿萬態，豐富多彩，組成了一個生機盎然的植物王國。植物王國的成員們各有特點，有的歷經滄桑，而珍貴無比；有的身處劣境，卻會靈活適應；有的盛產食物，樂於奉獻；有的專做寄生者，危害四鄰；有的翩翩起舞，討人喜愛；有的巧設機關，誘蟲上當；有的脾氣古怪，與眾不同；有的獨樹一幟，是世界之最，植物是個充滿謎團的世界。

⊙ 植物王國的家譜

自然界的植物種類繁多，千差萬別，似乎雜亂無章，沒有頭緒。幾個世紀以來，人類逐漸認識到植物王國也有規律可循。現在，人們根據植物外部的花、果、葉、莖、根等形態和內部的如組織結構、細胞染色體上的異同分類，從而劃清了植物與植物之間的關係，這就是植物分類學。

按界、門、綱、目、科、屬、種的順序劃分植物，即將整個植物王國稱為植物界，再按著從低等到高等的順序，又將植物界分為菌類、藻類、地衣、苔蘚、蕨類、裸子植物和被子植物等幾大門，每門再順次往下分，越分越細，一直分到種。種是最基本的分類單位，通常只指一種植物。有時為了方便，還加入了亞門、亞綱、亞目、亞科和亞屬等級別，而種以下還有亞種、變種、變型等。

❶ 奇形怪狀的根

神奇的大自然創造出千千萬萬種的植物，而這些植物的根又是千姿百態，形態萬千。

日常生活中，比較常見的根為直根系和鬚根系。如大豆的根為直根系，它的主根粗大，側根多而較細；小麥的根為鬚根系，在莖稈基部生有許多鬍鬚狀的不定根。我們平常吃的蘿蔔、胡蘿蔔、甜菜和甘薯等，則是一種變態根，有的呈圓錐形，有的呈紡錘形，有的呈圓柱形，它們貯藏著大量的澱粉和醣類。

在自然界中還有許許多多稀奇古怪的根，它們的構造和功能也有很大的變化：玉米稈下部的節上向周圍伸出許多不定根，粗壯結實，向下扎入土中，能夠幫助玉米稈穩固直立，所以也叫支持根；海桑樹（Sonneratia caseolaris）附近的地面上會長出向上的根，這些根暴露在空氣中，內有發達的氣道，有利於生長在淤泥中的海桑樹空氣流通和儲存，所以叫呼吸根；常春藤幼時生有無數的不定根，它們很像刷子，能分泌膠水狀的物質，使常春藤牢牢黏在樹幹或牆壁上，從而爬上高處，這種根叫攀援根；菟絲子的吸根，會伸入寄主體內吸收寄主的營養，過不勞而獲的生活，這種根叫寄生根。還有一些根，如榕樹的氣生根，香龍眼樹的板狀根，它們都有著不同的作用。

⊙ 千變萬化的莖

日常生活中，人們常根據質地將莖劃分為木質莖、草質莖和肉質莖。

本質莖中木質化細胞較多，質地堅硬；草質莖中木質化細胞較少，質地較柔軟；肉質莖肥厚多汁，質地柔軟。如果換一種方式，按生長習性則可把莖劃分為纏繞莖、攀援莖、直立莖和匍匐莖。

經過長期的演化，有些植物的莖的形態發生了變化，很難讓人相信它們就是莖。其實它們都具有莖的特徵，都有節、節間和頂芽，只不過不明顯罷了。

例如蓮藕很像是根，但它有明顯的頂芽、節和節間，節上還有側芽和退化了的小鱗片，並能自節部生出不定根，所以它還是莖，只不過要叫根莖。馬鈴薯的地下莖短而膨大，呈不規則的塊狀，上面生有許多小眼，裡面藏著它的小芽，芽眼呈螺旋式排列，這就是莖節的痕跡，上下兩個芽眼之間便是節間，人們把馬鈴薯稱為塊莖。

莖還有許多變態種類，如仙人掌的葉狀莖，皂莢的刺狀莖，葡萄的莖卷鬚，洋蔥花序上的小鱗莖，慈姑的球莖，大蒜的鱗莖等等。這些莖發生的變化，是植物長期對環境的適應形成的，並對植物的生長極為有利。

⊙ 千姿百態的葉

一個完全的葉，通常由葉片、葉柄和托葉三個部分組成。植物種類不同，葉片的形狀也千變萬化。

日常生活中，比較常見的有圓形、橢圓形、心形、扇形、針形、箭形、管形等形狀。還有一些植物，由於長期適應特殊環境，葉片變得奇形怪狀，稱為變態葉。

例如生長在沙漠中的仙人掌，為了適應乾旱的環境，葉片逐漸退化，變成了針刺狀，大大減少了蒸發面積；會攀援的豌豆的葉卷鬚，是由它的羽狀複葉頂端的小葉片變來的，會緊緊纏住高處的物體，使豌豆越爬越高；在洋蔥、大蒜等的鱗莖上包裹著肥厚的肉質鱗葉，也是由葉子變成，可供人們食用；生長在熱帶雨林中的菩提樹，為了適應潮濕多雨的環境，它的葉片尖端延長成尾狀，使樹葉分泌的大量水分能及時從葉尖部滴下來，以代替蒸發作用……

葉子的大小十分懸殊。柏樹長著世界上最小的葉子，只有幾毫米長；長葉椰子的葉子是世界上最長的葉片，可達二十七公尺；而智利的大葉蟻塔（Gunnera manicata），長著面積最大的葉子，它的一張葉片能將三個並排騎馬的人連人帶馬全部蓋住。還有一些植物的葉子丟失了某些部位，變成了不完全的葉。例如臺灣的相思樹，葉片完全退化，連托葉也沒有，僅剩下一個葉片狀的葉柄。

⊙ 奇形妙狀的花

花是被子植物所特有的繁殖器官，透過授粉、受精作用，產生果實和種子，使種族得以延續。花是由枝條演變而來，是一種節間極縮短的，沒有頂芽和腋芽的變態枝條。典型被子植物的花一般是由花梗、花托、花萼、花冠、雄蕊群和雌蕊群幾部分所組成。

花梗和花托起支援花各個部分的作用；花萼和花冠合稱花被，有保護花蕊和引誘昆蟲授粉的作用；雄蕊和雌蕊合稱花蕊，是花中最重要的生殖部分。花冠是所有花瓣的總稱，常見的有唇形、蝶形、十字形、漏斗狀、管狀、高腳碟狀、舌狀等形狀，真可謂奇形怪狀。許多花在花枝或花軸上有次序排列和開放，便組成了花序。

花序分為無限花序和有限花序兩大類。無限花序是在開花期間，花軸頂端繼續向上生長，而花由下部依次向上開放，或由邊緣向中心開放，它又包括穗狀花序、傘房花序、總狀花序、頭狀花序等類型；有限花序是在開花期內，花軸不再生長，產生側軸，開花的次序是花軸和側軸由上而下或由內向外進行，它又包括輪傘花序、螺旋狀聚傘花序、蠍尾狀聚傘花序等類型。

⊙ 形形色色的果實

一般說來，果實是由花的子房發育而來，它包括由胚珠發育成的種子和由子房壁發育成的果皮兩部分。例如葵花子，雖然叫做種子，但它是由子房壁的成分發育，所以是果實。日常生活中，人們常把小麥、水稻、大麻等果實叫做種子，事實上它們都是由子房發育而來，叫它們果實才對呢！

果實的顏色，在成熟之前通常是綠色的，成熟後，不同植物果實的顏色千差萬別，五顏六色，絢麗多彩。

最標準的果實有三層果皮。例如桃子，帶毛的表皮就是外果皮；味美多汁的果肉就是中果皮；堅硬的果核則為內果皮。不過許多植物果實的三層果皮分得並不清楚。有些植物的花托上有許多雌蕊，每個雌蕊都發育成一個小果實，這樣的果實叫做聚合果，如草莓；有些植物的果實是由一個花序上的很多花發育而成，這種果實叫做聚花果，如桑椹、鳳梨等；有的果實叫真果，因為它是由子房發育而來，如桃、李；有的果實叫假果，因為它是由子房和花托、花被共同發育而成，如蘋果和梨。有的果實肉厚多汁，叫肉果，包括椰子、葡萄、西瓜等；有的果實外面包裹著一層乾硬的殼，殼裡面是種子，這種果實叫乾果，如梧桐果實、栗子等。

⊙ 千姿百態的種子

植物的種子是卵受精後，直接由胚珠發育而成。平時，人們常把含一粒種子的果實也稱為種子。

植物的種子顏色各異，五彩繽紛。除了人們常見的一些顏色外，還有一些特殊的色彩。如相思豆的種子是一半紅、一半黑，非常有趣；蓖麻的種子鑲嵌著由一種或幾種色彩交織組成的花紋，美麗可愛，鮮豔奪目。

種子的形態也各式各樣，別具特色。有的呈圓腎形（女婁菜），有的呈球形（芍藥），有的呈歪三角形（杉松），有的像棉花（柳絮），有的像小船（長葉車前）。如果算上種子附屬物，則種子的形狀就更加奇妙怪異，趣味十足。

白頭翁種子（瘦果）長有細長的尾狀宿存花柱，被風一吹，可以飄到很遠的地方；蘿蓳和蒲公英的種子（瘦果）都長有雪白的冠毛，就像降落傘一樣，可以隨風遠遊到很遠的地方安家；而榆樹和槭樹的種子都長有「翅膀」，可以從樹上滑行飛下，遠走他鄉；鬼針草的種子上長有帶彎鉤的刺，能夠黏在動物的毛皮上，隨動物旅行。從種子的重量來看，世界上最小的種子要屬於斑葉蘭（Goodyera）了，它的種子簡直同灰塵一樣，每粒只有0.000002克重；而海椰子（Lodoicea maldivica）的種子有二十五公斤重，是當之無愧的世界冠軍。

⊙ 植物的生命供給線

植物的身體是一個有機的整體，它的各個部分有著不同的分工。例如根負責從土壤中吸收水分，葉子負責進行光合作用來製造有機物質。那麼，根吸收的水分和葉子製造的有機物，在體內是如何輸送到各個器官裡的呢？

原來，在植物體內有兩大運輸管道，一條叫木質部，另一條叫韌皮部。木質部負責把從根部吸收進的水和無機鹽運輸到葉子，韌皮部負責把從葉子製造出來的有機物運輸到根部和其他器官。說起來有趣，雖然木質部和韌皮部都是植物體內一些特化的細胞連成的管子，但是它們的形狀不盡相同。組成木質部的細胞，兩端的細胞壁都已消失，好像一根把節打通了的竹竿；而組成韌皮部的細胞，在連接處並未完全打通，是由一層像篩子一樣帶有很多細孔的「篩板」隔著。

奇怪的是，木質部由下向上運輸，反而比韌皮部由上向下運輸要快。科學家認為，這一方面與兩種管道的結構和所運輸物質的不同有關，另一方面與植物的蒸發作用產生的強大向上的牽引力有關。植物的木質部與韌皮部，就像人體的血管一樣，把根、莖、葉、花、果等器官，連成一個縱橫交錯的「生命供給線」。

⊙ 植物的落葉

深秋時節，天氣逐漸變冷，許多樹木脫去夏日的盛妝，開始落葉。落葉現象是植物減少蒸發作用，渡過寒冷或乾旱季節的一種適應，是植物在長期演化過程中形成的一種習性。

當然，有些熱帶和亞熱帶的植物，害怕忍受不了炎熱的酷暑，在春季也會開始落葉，以適應高溫炎熱的夏日。因此，植物的落葉是對即將到來的惡劣季節所做的一種準備。離層素（abscisic acid）是控制葉子脫落的化學物質，它能抑制植物的生長，促使葉子脫落。在顯微鏡下可以看見葉柄基部的薄壁組織強烈分裂，形成一個脫離層。由於臨近細胞中的果膠酶和纖維素酶活性增加，結果使整個細胞溶解，脫離層的細胞間彼此分離，便形成了一個自然的斷裂面。秋風吹過，纖弱的葉柄已不堪一擊，便會斷裂，葉片也落向大地。

其實，落葉對於植物來說非常重要，不但可以減輕樹木的生長負擔，為來年的吐綠做準備，而且可以覆蓋地面，保護根和落下的種子不受凍害。另外，落葉腐爛後，產生大量的有機質，可以改良土壤，保證樹木有充分的營養，從而茁壯成長。

新知博覽——植物的左和右

我們知道，大多數人的右手要比左手大一些，而極少數常用左手的人，他們的左手要比右手大一些。

在植物王國中也存在這種情況。有一些植物的花瓣、葉子、果實是右邊的一半大於左邊的一半，而另一些植物正相反，是左邊大於右邊。一般情況下，大多數的藤本植物都是沿著支撐物按逆時針方向盤旋上升，如紫藤、菜豆、牽牛花等；只有極少數按順時針方向纏繞，如啤酒花和草。不知你是否注意到，植物葉片的生長方式也有左右之分。這些葉片都呈螺旋狀排列在枝條或莖上，大多數植物的葉子是按順時針方向盤旋生長，只有少數是按逆時針方向排列。而且，右旋生長的植物右邊葉片較大，左旋生長的植物左邊葉片較大，這一點與人類是多麼相像！

科學家認為，植物體內能產生生長激素，其作用是使細胞生長，也能促進細胞分裂，還能促使不同植物的莖向不同方向纏繞。當然，它在葉、花、果實中的分布位置也不相同，因而導致這些器官的不對稱生長，左右有大有小。

植物是如何呼吸

呼吸是一切生物共有的生理功能，呼吸不僅涉及植物的每個生活細胞，也是植物新陳代謝的重要組成部分。生物體的呼吸作用停止，也就意味著死亡。

呼吸既是生命活動提供可利用的能量，又為植物體內多種重要有機物的形成提供重要的原料及還原劑，從而帶動植物體內所有的代謝過程，成為植物代謝的一個中心。因此，呼吸的性質和強弱必然會影響到植物的生活。

⊙ 影響植物呼吸作用的因素

影響植物呼吸的因素很多，主要的有溫度、氧氣和二氧化碳。

溫度對植物的呼吸作用產生的主要影響，是影響呼吸酶的活性。一般來說，呼吸強度在一定的溫度範圍內，隨著溫度的升高而增強。

作為植物正常呼吸的重要因數，氧氣不足可直接影響植物的呼吸速度，也影響到呼吸的性質。在完全缺氧的條件下，綠色植物就會無氧呼吸，大多數陸生植物根尖細胞的無氧呼吸產物是酒精和二氧化碳。由於酒精對細胞有毒害作用，所以大多數陸生植物不能長期忍受無氧呼吸。通常無氧呼吸與有氧呼吸在低氧條件下都能發生，而無氧呼吸可能會因為氧氣的存在而受到抑制，而且隨氧氣濃度的增加，有氧呼吸的強度也會增強。

呼吸作用會因為二氧化碳濃度的增加，而受到明顯的抑制，這可以從化學平衡的角度得到解釋。據此原理，在蔬菜和水果的保鮮中，增加二氧化碳的濃度也具有良好的保鮮效果。

⊙ 植物呼吸速率的多樣性

植物的呼吸速度隨不同植物、不同組織、不同發育時期與不同環境條件而變化，如：大氣中氧氣和二氧化碳含量、溫度的高低、損傷情況、水分與光照條件等。一般來說，生長快的植物呼吸速率也快，生長慢的植物呼吸速率也慢。如細菌和真菌繁殖較快，其呼吸速率就比高等植物快；高等植物中的小麥的呼吸速率就比仙人掌快得多。

由於代謝不同，同一植物的不同器官，非代謝（結構）組成的相對比重不同，以及與氧氣接觸程度不同等，也會帶來呼吸速率的很大差異。一般來說，死細胞少的器官比死亡細胞多的器官的呼吸強度大；比起生長緩慢的老齡器官，生長旺盛、幼嫩的器官呼吸速度快；生殖器官的呼吸比營養器官強，花的呼吸速率比葉片要快三～四倍。而在花中，雌、雄蕊的呼吸則比花瓣及萼片強得多，雌蕊的呼吸比雄蕊強，雄蕊中又以花粉最為強烈。

在呼吸速率上，同一器官的個別組織也有不同。如果按組織的單位重計算，形成層的呼吸速率最快，韌皮部次之，木質部較低。

不過，同一器官在不同生長過程中，呼吸速率也有不同。比如葉片，幼嫩時呼吸較快，成長後就下降；到衰老時，呼吸又再次上升；到衰老後期，蛋白質分解，呼吸則極其微弱。在不同年齡中，果實（如蘋果、香蕉、芒果）的呼吸速率也有同樣的變化，嫩果呼吸最強，以後隨年齡而降低，後期又會突然增高，呈現「呼吸高峰」——躍變期，這是因為果實此時產生了乙烯，所以促使呼吸加強。

總之，正是由於植物呼吸代謝的多樣性，植物才能在多變的內在條件與外界環境下，適應環境條件的不斷變化，順利滿足多種生理功能的需要。也正是由於呼吸代謝的這些特點，才使它在整個生命活動中占有關鍵性地位，成為植物代謝活動的中心。

新知博覽——陸地上最長的植物

在非洲的熱帶雨林裡，生長著參天巨樹和奇花異草，也有絆人跌倒的「鬼索」——在大樹周圍纏繞成無數圈圈的白藤（Porana decora）。籐椅、藤床、藤籃、藤書架等，都是以白藤為原料加工製成的。

白藤莖幹較細，大約有酒盅口那樣粗，有的還要更細。它的頂部長著一束羽毛狀的葉，葉面長尖刺；莖的上部直到莖梢又長又結實，也長滿硬刺，而且又大又尖向下彎。它就像一根帶刺的長鞭，隨風搖擺，一碰上大樹就立即緊緊攀住樹幹不放，並很快長出一束又一束新葉。接著，順著樹幹它會繼續上爬，而下部的葉子則逐漸脫落。爬上大樹頂後，還會不停生長，可已經沒有什麼可以用來攀緣了，但是它的莖越來越長，於是就往下墜，以大樹當作支柱，在大樹周圍纏繞成無數怪圈。

一般來說，從根部到頂部，白藤長度達三百公尺，比世界上最高的桉樹還長一倍。白藤長度的最高記錄可達四百公尺。

植物的感覺、感情與記憶

植物有沒有感覺？會不會產生感情？有沒有記憶？這些都是科學家長期以來很感興趣的問題。幾十年來，科學家一直為揭開植物的奧祕進行了大量的研究和實驗。

⓵ 植物也有感覺

當含羞草葉子被輕輕觸動時，小葉片馬上就會合攏，葉柄向下垂。研究含羞草這種敏銳的感

植物的感覺、感情與記憶

覺後，植物學家發現，含羞草在遇到觸動時反應極快，通常是幾秒種，甚至不到一秒鐘。在用精密的儀器測量和分析後，植物學家的結論是，這種反應是基於電磁脈衝，儀器中的電信號可以從含羞草的韌皮部細胞通過，也能沿著木質部通過，且受到刺激的電信號與動物受刺激的電信號十分相似，不難看出這種自主神經系統非常複雜。

可見，植物和動物一樣具有感覺。一九六六年的一天，美國中央情報局的測謊機實驗者克里夫·巴克斯特（Cleve Backster）在一株龍舌蘭葉片上，無意中接上了測謊機的電極，而當他為植物澆水時，意外發現電流計圖紙上竟然錄下了圖形，如同人在短暫感情衝動時那樣。巴克斯特驚訝不已，他想，人體受到傷害時發出的電磁波最為強烈，那麼龍舌蘭的葉子被燒後會出現什麼情況呢？進一步研究後，他發現實驗示蹤圖發生了大幅度變化，很明顯植物對此感到恐懼不安。他隨後再次劃燃火柴，發現圖形在這一瞬間有明顯不同。而當他手持燃著的火柴朝龍舌蘭走時，圖上的曲線增多。有趣的是，在巴克斯特將火柴劃燃多次，卻又不去燒它後，圖形慢慢停止了變化。因為龍舌蘭已經意識到，這種威脅不會發生，所以漸漸不再擔驚害怕。後來，在不同地方使用不同的機器，對不同的植物進行相同的實驗後，巴克斯特證實了植物有意識有感情，這個發現也被稱為「巴克斯特效應（Backster Effect）」。

生物學家在經過多次實驗後注意到，植物可保留十三天左右的記憶；而且還發現，植物的嫩芽裡有一種引力探測器，如果這種引力探測器被割，植物向上生長的能力就會被破壞。

此外，植物也有嗅覺，但不是用鼻子。如果說植物有鼻子，那也許指的是葉子，這也是解釋了植物的葉子容易被化學物質傷害的原因。

植物有非常細膩的味覺，知道自己喜歡「吃」什麼，愛「喝」什麼，這就是為什麼有些地方寸草不生，而有些地方卻樹木成林。

植物的聽覺也「因人而異」，不同的植物對不同頻率的聲波反應不同。日本科學家發現，番茄、黃瓜特別愛聽日本的「雅樂」。這些植物的葉子每當音樂響起時就開始舒展，葉面電流加快，迅速生長；美國科學家也發現，很多植物喜歡輕音樂，討厭搖滾樂，長時間聽搖滾樂後，有些植物會慢慢死去。

植物的視覺是指植物對光線的感受。如果衡量植物的視力以感受光線為標準，那麼植物葉面對光線的感受力最強，也就是視力最強。在生活中人們不難發現，植物向陽的一面枝葉比較多。

植物為什麼會有如此靈敏的神經系統和複雜的反應行為？科學家解釋，關鍵是一種名叫茉莉酮酸（jasmonates, JAs）的化學物質。當受到外界刺激時，植物會產生一種激素，這種激素把植物體內的亞麻酸轉化成為茉莉酮酸，類似動物體內的前列腺素，具有止痛和平息情緒的功效，茉莉酮酸還可以讓植物間互相聯絡。

⊙ 植物並非草木無情

植物並不像人們所說的那樣草木無情，它們也有思維、感情甚至鑑別能力。看看以下這幾個有趣的實驗：

有位歌唱家為藤本植物播放幾種截然不同的音樂，結果發現：在優美的古典音樂中，藤蔓長得又快又壯，而且會慢慢爬向音樂傳來的方向；聽了柔和典雅的東方樂曲後，金盞花根系會長得粗壯發達。而給這些植物聽了時髦的搖滾樂曲時，它們都向相反的方向長，唯恐避之不及，甚至不幸死去。豆科植物如果聽到好聽的歌曲，隨著樂曲，它那碧綠的枝葉就會興奮輕輕搖擺，好像在快活跳舞；若給它聽上一段噪音磁帶，它就一動不動。

此外，植物也有喜有怒，有哀有驚。生物學家用開水燙了一下蔬菜的葉子，透過靈敏的儀器，我們可以看出植物立刻不停發出痛苦呻吟的訊號。如果放上一段毛骨悚然的聲音，儀器也能告訴你，植物是怎樣驚懼、害怕。如果猛然把枝條或葉子撕扯下來，好像人的肢體在突然受傷後所遭受的猛烈痛苦一般，儀器上立刻會出現猛烈的電位差跳躍；而如果馬上給它一點氯甲烷麻醉它，它就會立即平靜下來。

有意思的是，植物也會感受人類的情緒。如果你開朗、樂觀，照顧植物得當，那麼植物就會生長得很好；如果你總是哀愁悲傷，心情沮喪，你養的那盆花始終無精打采。

植物學家根據植物感情的特點，常開「欣賞課」讓植物增產。在一塊六英畝的大稻田裡，一名印度科學家每天播放二十五分鐘的交響樂，一個月後比起同樣一塊田裡的沒有聽過音樂的水稻，這裡的水稻長得更加茂盛，平均每株高出三十公分。

現在，有許多「農業音樂家」正在研究不同生長時期各種莊稼的愛好，透過播放符合它們「欣賞力」的美好音樂，使它們生長得更茂盛，也研究各種雜草和病菌最怕「聽」的噪音。

⊙ 植物的記憶

如果有人說，植物也有記憶能力，恐怕很多人都不相信，但這是有一定的科學根據。科學曾對鬼針草（Bidens pilosa）進行了一項有趣的實驗，結果證明，植物不僅能接收資訊，而且還有一定的記憶力。

科學家在實驗中選擇了幾株剛剛發芽的鬼針草，整個幼小的植株總共只有兩片形狀相似的子葉。研究者一開始用四根細細的長針穿刺右邊的子葉，破壞植物的對稱性。五分鐘後，他們又用鋒利的手術刀切除兩片葉子，再把失去子葉的植株放到條件很好的環境中，讓它們繼續生長。五天後，有趣的情況發生了：與沒受針刺過的萌發情況不同，受過針刺的芽生長明顯較慢。這個結果表明，植物依然「記得」那次破壞對稱性的針刺。此後，經過多次實驗，科學家又進一步發現，植物的記憶力大約能保留十三天。

科學家們解釋說，植物的記憶不同於動物，因為它們神經系統不同，但可能是依賴離子滲透補充。

相關連結——植物能欣賞音樂嗎

羞羞答答的含羞草，偉岸挺拔的參天大樹；養育生靈的植物，蘊含劇毒的植物；搖擺不停的跳舞草，以動物為食的豬籠草……植物學家還發現了一種會欣賞音樂的植物。

一位法國農業科學院聲樂實驗室的科學家稱，如果一個正在生長的番茄，每天能「欣賞」音樂三個小時，由於「心情舒暢」，它就能成為世界上最大的番茄，長到兩公斤重。用音樂刺激法，英國科學家也曾培育出五公斤半的甜菜和二十五公斤重的高麗菜。日本山形縣先鋒音響器材公司下屬的蔬菜種植場種植的「音樂蔬菜」，生長的速度也明顯加快，味道的改善也非常明顯。

一九八一年，科學家在中國雲南西雙版納的原始森林裡，發現了一棵小樹也會「欣賞」音樂，當地群眾叫它「風流樹」。人們發現，在「風流樹」旁播放音樂時，隨著音樂的節奏，樹身就會搖曳擺動，仿佛一名翩翩起舞的少女。令人奇怪的是，如果播放的是輕音樂或抒情歌曲，小樹的舞蹈動作就更加婀娜多姿；但當播放進行曲或嘈雜的音樂時，小樹就不動了。

小樹難道真的能聽懂音樂嗎？音樂對植物究竟有何影響呢？這還有待於科學家的進一步研究。

不停運動的植物

植物除了有向地性運動（Geotropism/Gravitropism）、向光性運動（Phototropism）、向濕性運動（Hydrotropism）、睡眠運動（Nyctinastic Movement）等原地運動外，還有一些草和樹甚至可以整個離開原地移動。

⊙ 有趣的植物運動

美國西部的一種滾草會在天氣乾燥、風大、沒水的時候連根拔起，捲成一個球形，隨風滾動。

在滾動中如果遇到了障礙物，就會逐漸停下，然後把根扎進土中，又重新生長。這種植物是靠風力滾動，還有靠力量走動的植物。禾本科的野燕麥（Avena fatua）就是靠濕度變化走動。野燕麥種子的外殼上長著一種類似腳的芒，芒的中部有膝曲。膝曲在地面濕度變大時會伸直；在地面濕度小時恢復原狀。這樣在一伸一屈之間不斷前進，一晝夜就可推進一公分。

還有一種長生草在北方松林裡生長，靠自身力量可以做翻身運動。這種矮生肉質植物外形如一個蓮座。蓮座上透過新莖可以生出一些小蓮座，作為大蓮座的子女，這種小蓮座長到一定程度就會脫離母體掉到地上。小蓮座掉到地上後有的側著身子，有的四腳朝天。這時，在接觸地面部分急劇生長的葉片說明下，側身的小蓮座就會掙扎著轉過身，使小蓮座恢復正常位置。而底部朝天的小蓮座翻身則要靠根的力量。小蓮座還會生出一條至數條根來，扎進土中，靠一條根的力量或數條根的合力，使小蓮座慢慢翻過身來。幾條根的拉力方向如果不同，小蓮座翻不過身來，就會死去。

可見植物也是會運動，而且運動方式還十分奇特。

⊙ 向光性運動

盆栽植物一面受光時，植株會彎向一邊，植物隨光的方向而彎曲的運動，就是向光性運動。向光性與植物的生長激素不對稱分布有關。背光的一邊生長激素多，細胞生長得快；向光的一邊生長激素少，細胞生長得慢，便形成了向光的彎曲。

生物學家達爾文一八八〇年就曾對向日葵產生興趣，同時還發現，室內種的花草及水稻、麥子幼苗也有向陽光方向彎曲的跡象。他做了個實驗：切去向日葵的幼苗頂端，或用東西遮住，雖然這些幼苗還能向上生長，但卻不會發生向光性彎曲，於是他認為，幼莖的頂端可能存在某種物質能引起彎曲生長，達爾文的觀察也同樣引起了許多科學家的興趣。

一九三三年，這個植物之謎終被解開，化學家從幼苗頂端提取到好幾種物質，它們能刺激幼苗莖部背光面細胞加速分裂而彎向陽光，被稱為植物生長激素。向日葵之所以向著太陽轉，正是由於生長激素總是在莖部背光面細胞從而加速了分裂。但是，近年的最新研究結果表明，除了具有生長激素濃度的差異外，向日葵莖端生長區的兩側還有葉黃氧化素濃度的差異。在向光一側，具有較高濃度的葉黃氧化素，而後者是離層素生物合成過程的中間產物，主要功能是抑制細胞的生長。實驗證明，當光從一側照射半小時後，向日葵莖端生長區兩側的葉黃氧化素與生長激素的濃度正反相對，即葉黃氧化素在向光面的含量高，背光面低。因此，生長激素和葉黃氧化素的共同作用導致了向日葵的向陽性。

⊙ 向地性運動

除了向光性運動外，植物還有向地性運動（受地心引力影響而決定生長方向），包括根的正向地性運動和莖的負向地性運動。

植物的莖總是向上生長，而根總是向下生長，其原因在於：莖和根的細胞對生長激素有著不同的反應，促進莖細胞提高生長激素的濃度，可以抑制根細胞的生長。換句話說，這是因為莖細胞和根細胞對生長激素的敏感性不同。也有的科學家認為，根的向地性根源於根細胞中含有一些特殊的澱粉體（Amyloplast，又叫平衡石）。它們具有較大的比重，受重力的影響總是在細胞的底部沉積，好像有一種平衡作用，即對根細胞產生一種壓力，使根向下生長。

另外，還有向溼性運動，這些向性運動都是對生活環境的適應結果，也是對各種不同刺激的反映。

⊙ 傾性運動

植物還有一種有趣的運動，比如為了最大限度沐浴陽光，花生、大豆、合歡和酢漿草等在早晨會昂起葉片；到了晚上為防止水分散失，葉片又會下垂或合攏起來「睡覺」。這種隨晝夜光暗週期而變化的運動，就叫做「傾性運動」，也稱為「睡眠運動」。

植物之所以會進行這種奇怪的運動，是由於晝夜變化會引起葉柄基部的葉枕（Pulvinus）組織膨壓發生變化。具體來講，在它們葉子基部小葉柄或總葉柄的地方，有個葉枕的裝水「袋子」，控制葉子的開合。清晨在太陽光的沐浴下，葉子開始光合作用，根便向葉子加速運水；再加上蒸發的拉力，葉枕內的大型細胞得到水後就會膨脹。葉片由於膨壓的作用張開。傍晚太陽下山後，葉片慢慢停止光合作用，隨之根也放慢了向上運水的速度，葉片內水分減少，葉枕內的大型細胞因失水收縮變軟，葉片便隨之下垂或合攏。

更有趣的是含羞草的觸發運動（Seismonastic Movement），不僅在夜幕降臨時它會自動合攏葉片，下垂葉柄，即使在白天，只要輕輕碰一下，葉片馬上像害羞似的閉合起來。這是因為在它的葉柄基部和複葉的小葉基部都有一個對刺激的反應非常敏感的膨大部分，叫做葉枕。在葉枕中心有一個大維管束，周圍有許多薄壁組織，裡面充滿細胞液。當葉片受觸時，會立即將刺激傳遞到小葉柄基部的葉枕，葉枕上部薄壁細胞的細胞液便排到細胞間隙中，膨壓也隨著降低；而下部的薄壁細胞仍保持著原來的膨壓，結果引起小葉片直立，便又閉合起來。如果用較大的力量碰觸，刺激不僅傳遞到小葉的葉枕，還能傳到葉柄基部的葉枕，這時葉柄基部的葉枕下部細胞液排到細胞間隙中，下部的膨壓也隨之降低，整個葉片就下垂了。一段時間後，當葉枕中的細胞逐漸充滿細胞液時，膨壓增加，小葉重新展開，葉柄又豎起來，一切就又恢復原狀了。

木瓜也有很奇特的傾性運動，白天葉片朝上，而晚上葉子便朝下。這是由於它的葉柄上側和下側的生長激素含量會隨晝夜變化而改變。葉中的生長激素在白天向葉柄移動，較多集中在葉柄下部。由於這部分生長激素濃度較高，生長快，致使葉子朝上；夜間，生長激素移向葉柄上側，使上側生長加快，導致葉片朝下。

此外，傾性運動還發生在一些植物的花上，比如蒲公英等就是白天開花，晚上閉合；煙草、紫茉莉等則相反，是夜間開花，白天閉合。

總之，植物的向性運動、傾性運動等，受多種因素的影響：地心引力、光線、化學物質（如生長激素）等。而植物這些運動不僅有益於生長和發育，也是對環境條件長期適應的結果。

相關連結——植物各部位的螺旋運動

開紫紅色喇叭狀的牽牛花，可以以左旋方式用莖攀援纏繞而上；何首烏可以隨時改變莖的旋轉方向。許多植物的某些部位都能螺旋運動，如果從直立植物莖尖的垂直上方，觀察莖的尖端，就會發現它一直在不停「畫」著整齊的圓圈。

植物的莖、葉等還可變態成卷鬚，與物體接觸時就產生向觸運動，纏繞他物攀爬，這也屬於一種向性運動。比如葡萄的卷鬚，哪一部分碰到支架都能馬上捲曲；但黃瓜的卷鬚只有上側或外側的某一面有感受性，而另一面即使碰上支柱也不會發生捲曲。和絲瓜一樣，它們的卷鬚都由莖變態而成，稱為莖卷鬚。豌豆的是葉卷鬚，野生的葜有托葉卷鬚，胡瓜則兼具莖卷鬚和葉卷鬚。現在還不知道卷鬚的向觸運動原因，初步認為是因為生長激素分配不均勻。

依螺旋運動攀爬他物，植物可以獲得較多的陽光和空氣，而更好的生長發育以及使後代繼續繁衍，同時又節省了很多如直立植物消耗在莖幹和枝條上的物質，符合經濟原則，也是在演化過程中形成的適應性。

植物種子「旅行」的奧祕

一株植物的種子，少則幾十顆，多則幾十萬顆。如果它們都只停留在原地，擠成一堆，很難想像能怎麼生活下去。如果發生自然災害，如乾旱、洪水、火災等，集中在一塊兒就更有滅絕的危險。因此，種子必須以各種方式遷移，這也是長期天擇的結果。

每一種生命繁衍後代都會有自己的方式，「孩子長大了，就得告別媽媽，四海為家」。遍布

植物天地

植物種子「旅行」的奧祕

世界的植物不像牛馬有腳，飛鳥有翅，它們要把生命的種子傳播到大地的各個角落。眾所周知，種子是植物傳宗接代的重要角色，而且能憑它神奇的本領四處旅行，植物也就得以處處安家。

植物種子的傳播方式有兩種：一種是借助外力，如風力、水力、動物和人類的攜帶；另一種是依靠自身所產生的力量。植物為了繁衍自己的後代，可以說是「八仙過海，各顯神通」。

⊙ 借助外力的旅行

風無處不在，因此就成了種子旅行的「便車」。一般細小而質輕的種子借助風力散布，可以懸浮在空中，被風力吹送到遠處生根發芽；有的種子表面常生有冠毛、果翅等，這些是更適合借助風力飛翔的特殊構造。比如常見的昭和草（Crassocephalum crepidioides），它的種子上就有一把小傘。風一吹，小傘就能帶著種子飄到很遠的地方「安家落戶」；又如松、榆的種子，上面長有小小的翅膀，借助風力也可以輕易地飛向四面八方，以擴充地盤；再如楊、柳樹的種子，上面長著輕柔的絨毛，也能乘著風飛到遙遠的地方。

還有的植物散布種子，是借助人力和動物的力量。比如有些種子的外面生有刺毛、倒鉤，或能分泌黏液，只要輕輕一碰，它們就會立即黏附到人的衣服或動物的毛羽上。等你發現把它們摘下來扔在地上，就實現了它傳播的心願。這類植物如蒼耳（Xanthium strumarium L.）、竊衣（Torilis japonica）、鬼針草等都是。還有些植物的果實色彩鮮豔、香甜多汁，可以吸引動物前來取食，借此散播種子，如鳥類或其它動物採食櫻桃後，就會丟棄櫻桃核，這無意中就做了種子傳播的工作。即使種子被動物也吞下肚，堅硬的櫻桃果核也會抵抗消化道中的強酸，保護種子全身而退，而且排泄物還充當了肥料。而類在取食這些美味水果時，往往會把果核隨手拋棄，這無意之中也傳播了種子。還有一些堅果類的種子都是松鼠最喜愛的食物，如板栗、松子等，它們被松鼠搬回家儲存，一部分會被吃掉，剩下的來年就生根發芽了。

水中和沼澤地生長的植物，種子往往需要借助水力漂送。比如常見的蓮蓬，形狀呈倒圓錐形，質量輕，因而可以像一葉小舟一般漂浮在水面，同時也把種子遠布各地。陸生植物椰子，果實有多重功能，果皮十分疏鬆，富含纖維，因而也能適應在水中飄浮；內果皮非常堅厚，可以防止種子受到海水侵蝕，果實裡還含有大量椰汁，可以為種子萌發時提供足夠的營養和水分，這就使椰果能在鹹水的環境條件下萌發。熱帶海岸有許多椰林分布，與椰果的這一本領密不可分。

⊙ 靠自身力量傳播

種子的另一類傳播方式是透過自身的力量，比如說「彈射」。像大豆、綠豆、油菜、芝麻等植物種子，果實成熟後，包藏種子的果莢會突然扭曲、炸裂，將種子彈射到幾十公分甚至幾公尺之外。

根據記載，一種生長在美洲的木犀草（Reseda odorata），可能是植物界中的彈射冠軍，射程可達十四公尺之遠；在非洲北部和歐洲南部，還有一種植物叫噴瓜（Ecballium elaterium），非常有趣。它的果實成熟時，那些包藏種子的漿汁就像氣球中的空氣那樣，對果皮產生強大的壓力。只要輕輕一碰，果實的黏液和種子就會一起噴發出來，射程可達六公尺，所以當地人也稱它為「鐵炮瓜」。

麥田裡生長的野燕麥種子最有趣，能夠自己「爬」進土中。野燕麥種子的外殼上長有一根長芒，會隨著空氣濕度的變化而旋轉或伸直，種子就在長芒的不斷伸曲中，一點一點向前挪動。種子一旦碰到縫隙，就會鑽進去，第二年便會生根發芽。當然，野燕麥種子「爬行」得相當緩慢，一整天只能前進一公分，然而這種傳播種子的本領實際已經達到了登峰造極的地步。

總之，植物在大自然中要生存發展，就會想盡辦法繁衍後代，於是在億萬年的演化過程中，每種植物都產生了讓種子「旅行」的特殊本領。

新知博覽——秋天樹葉為何會變色

樹葉每到秋天就會由綠色變為紅色或黃色，最後落在地上，這是一種很自然的現象，並不奇怪，但你知道樹葉為什麼會變色嗎？

樹葉的變色與某些激素及化學物質的變化有關，有三種不同的激素每到春天和初夏，就會進入樹的各個部分，加快新生綠葉的生長。其實，所有樹葉中都含有綠色的葉綠素，樹木利用葉綠素捕獲光能，然後在葉子中其他物質的說明下，把光能儲存起來（以醣類等化學物質的形式）。很多樹葉中除了葉綠素外，還含有黃色、橙色及紅色等其他一些色素。雖然這些色素不能像葉綠素一樣行光合作用，但其中有一些能夠將捕獲的光能傳遞給葉綠素。葉綠素春天和夏天在葉子中的含量，比其他色素要豐富得多，所以葉子呈現綠色，而看不出其他色素的顏色。

不過，葉綠素也有個弱點——容易被破壞。到了秋天，由於忍受不了氣溫下降等因素的影響，葉綠素逐漸在葉子裡分解、消失，而比較穩定的胡蘿蔔素和葉黃素等，則終於在秋天「重見天日」。所以一到秋天，樹葉就會變色。

黃櫨（Cotinus coggygria）和楓樹等的葉子，在氣溫下降，葉綠素分解、消失的時候，葉子裡面的糖大量轉變成紅色的花青素，於是葉子就變紅。

紫錦草（Setcreasea purpurea Boom）等植物，葉子裡的花青素始終占優勢，完全遮蓋了其他色素的顏色，所以常年都是紫紅色。

植物會用語言交流嗎

在很多神話傳說中，植物能和人一樣說話。然而，現實生活中植物能否說話呢？科學家告訴我們，其實植物也是有「語言」。

⊙ 神祕的植物語言

印第安人在砍樹或鋸掉樹枝之前，據說都會請求大樹的原諒。現在一些科學家認為，美國土著居民的這種傳統，可能會證明植物也有「語言」。

不要以為「植物會說話」這個問題非常可笑，透過研究，多數專家都認為，植物能夠交流是可以肯定的。

比如在研究中，科學家意外發現：在植物的葉子被昆蟲咀嚼時，植物身上抑制病痛和創傷的神經激素，會產生與動物幾乎一樣的生化反應。當蟲子在咬植物的葉子時，葉子便會釋放出一種類似於動物受到傷害時釋放的內啡呔。動物身上的激素，可以把一種叫做花生四烯酸（Arachidonic acid）的化學物質轉化為前列腺素。而植物身上的這種激素，對於亞麻酸（植物中相當於花生四烯酸的東西）轉化為茉莉酮酸則有幫助。這也是一種性質和前列腺素相近的化學物質。對待傷痛有著如此類似的化學反應，以至於在植物組織上噴灑阿司匹林或布洛芬（Ibuprofen），可以消除這些反應。紐約州立大學植物生物學家伊恩·鮑德溫（Ian Baldwin）曾幽默的說：「這就是植物喊『哎喲』的方式。」

植物還能與鄰居「聯絡」。在茂密的森林裡，某些植物在突然被蟲咬時，會馬上「招呼」旁邊的夥伴提防蟲子。許多植物在受到傷害時，都會釋放出一種「體味」，是一種揮發性的茉莉酮酸，在附近的植物感到被蟲咬之前，這種訊號就啟動附近植物的防禦系統，讓它們預防被蟲子傷害。

再比如，在番茄遭到蟲咬後，馬上就會產生一種物質，使害蟲的胃受到損害和阻礙消化。而且不僅僅是遭蟲咬的番茄會做出這種反應，為了安全起見，周圍田裡的番茄也會馬上做好對付害蟲的準備。

此外，人們還發現，森林裡如果一棵橡樹病死或被砍伐，周圍的橡樹就會動員，生產更多的種子和果實。它們是如何知道要這樣做的呢?借助電極，美國研究人員已經在被砍伐的樹上，測量出短暫且特別高的振幅，並且在被砍伐的樹木周圍也測量出相應的振幅。

所有這些都說明，植物之間是存在著相互聯繫的「語言」。

⊙植物都在交流什麼

英國生物學家，很早就知道植物有「語言」。他們的研究發現，植物在正常情況下發出的聲音節奏輕微、曲調和諧，但遇到惡劣的天氣情況或某些人為侵害時，發出的聲音就會低沉混亂，表現痛苦。據英國專家介紹，人們將植物探測儀的線頭與植物連接，戴上耳機，就能夠聽到植物說話的聲音。

但是，人們除了能夠聽到植物說話之外，還想知道植物到底互之間都交流了什麼？研究表明，各種植物在生長過程中，時刻都在進行能量交換。這種交換雖然很慢，不易覺察，但交換過程中微弱的熱量變化和聲響，還是可以被察覺。如果用特殊的「答錄機」將這些動靜錄下來，經過分析，我們就能明白它們在說什麼，從而解開植物語言的密碼。如果你能聽懂植物的話，那麼它會告訴你什麼樣的溫度、水分和肥料它最喜歡。

據前蘇聯《真理報（Pravda）》一九八三年二月二日的報導，前蘇聯的科學家曾透過電子電腦與植物交談。透過與植物特殊的連接後，電腦根據它所「聽到」的在螢幕上打出資料，然後透過另一台電腦解讀，繪出簡單的圖表。根據這些圖表，人們就能明白植物說了什麼。

其實這個過程並不神祕。植物可以透過自身的形狀變化、生長速度等，向人們傳遞一些資訊。不過困難在於，這些資訊必須透過儀器解碼，而且也只有專家才懂解碼後的資訊。但這種狀況已經有所改善，義大利科學家發明了一種能與植物直接交流的對講機。不過這種先進的對講機目前來看，也只能與植物進行很初級、很簡單的交流，因為它只能辨別出諸如「熱」、「冷」、「渴」

等單字。

美國學者證實：植物缺水時也會不滿。植物缺水時，就會綳斷運送水分的維管束，而維管束綳斷時，會發出一種「超音波」。一般情況下這種聲音非常低，人是聽不到的，因為它比兩人說悄悄話的聲音還低一萬倍。目前人們發現，口渴時能發出這種「超音波」植物，有蘋果樹、橡膠樹、松樹、柏樹等。

儘管對植物語言的了解仍非常有限，但不管怎麼說，人類能聽到植物「說話」，能知道植物說什麼，已經算是科學的一大進步了。

相關連結——植物可能有語言

一九七〇年代一位澳洲科學家發現：遇到嚴重乾旱時，植物會發出「咔嗒咔嗒」的聲音；後來透過特製的「植物翻譯機」，英國和日本的科學家發現：在不同情況下，不同植物的確能發出各種不同的聲音。有些植物的聲音會隨光線的明暗變化而改變。當植物在黑暗中突然受到強光照射時，發出的聲音類似驚訝；當植物遇到變天颳風或缺水時，發出的聲音低沉混亂，仿佛正在受某種痛苦。有科學家認為，如果深入研究植物語言，也許在今後我們可以透過與植物「對話」，了解植物的健康狀況，甚至可以就施什麼肥料、怎麼施，「徵求」植物自己的意見等。

植物也會睡覺嗎

每到晴朗的夜晚，只要我們細心觀察周圍的植物，就會發現一些植物有奇妙的變化。比如公園中常見的合歡樹，葉子由許多小羽片組合而成，在白天舒展平坦；可一到夜幕降臨時，無數小羽片就成對地折合關閉，好像被手碰過的含羞草葉子，全部合攏起來。

我們有時候在野外還能看見一種紅三葉草，開著紫色小花、長著三片小葉。在白天有陽光時，它們每個葉柄上的三片小葉都舒展在空中；而到了傍晚，三片小葉就閉合在一起，垂下頭來「睡覺」。

花生也是如此，從傍晚開始它的葉子就慢慢地向上關閉，表示白天已經過去，晚上它要「休息」了。此外也有類似行為的，還有像酢漿草、白屈菜、含羞草、秋葵等。

⊙ 植物的睡眠運動

在植物生理學中，植物的這些行為被稱為睡眠運動。不僅植物的葉子，就連嬌柔豔美的花朵也要睡眠。比如水面上綻放的睡蓮，每當朝陽初升，美麗的花瓣就會慢慢舒展，似乎剛從酣睡中甦醒；而當落陽西下時，它又閉攏花瓣，重新進入睡眠狀態。由於它這種特別明顯的「晝醒晚睡」的規律性，因而才得芳名——「睡蓮」。

不同種類的花兒，睡眠姿態也各不相同。在「入睡」時，蒲公英所有的花瓣都會閉合，看上去如同一個雞毛撢子；胡蘿蔔的花會垂下頭來，像正在打瞌睡的小老頭。更有趣的是，有些植物，如晚香玉的花，白天睡覺，夜晚開放，不但在晚上盛開，而且格外芳香，以此來引誘夜間活動的蛾子來替它傳授花粉。還有我們平時當蔬菜吃的葫蘆，也是夜間開花，白天睡覺。

⊙ 植物為何要睡眠

植物的睡眠運動不僅是一種有趣的現象，還是一個科學之謎。植物的睡眠運動會對植物本身帶來哪些好處？這是科學家們最關心的問題。尤其最近幾十年，他們圍繞著睡眠運動的問題展開了廣泛的討論。

英國著名的生物學家達爾文，是最早發現植物睡眠運動的人。他在研究植物生長行為的過程中，長期觀察了六十九種植物的夜間活動，結果發現：因為承受到水珠的重量，一些積滿露水的葉片運動不便，往往比其他能自由運動的葉片容易受傷。他又把葉片固定住，結果仍然類似。雖然達爾文當時無法直接測量葉片溫度，但他斷定，葉片的睡眠運動對植物生長極有好處，也許主要是為了保護葉片以抵禦夜晚的寒冷。

達爾文的說法似乎有些道理，但一直沒有引起重視，因為缺乏足夠的實驗證據。科學家們直到一九六〇年代，才開始深入研究植物的睡眠運動，並提出了不少理論。

解釋睡眠運動最流行的理論是「月光理論」。持這種觀點的科學家認為，葉子的睡眠運動，能使植物受月光的侵害盡量減少，因為植物正常的光週期感官機制，會因過多的月光照射而受到干擾，損害植物對晝夜長短的適應。然而令人感到不解的是，為什麼許多沒有光週期現象的熱帶植物，同樣也會出現睡眠運動？

科學家後來又發現，有些植物的睡眠運動，並不會受到溫度和光強度的控制，而是由於葉柄基部中一些細胞的膨壓變化所引起，比如合歡樹、酢漿草、紅三葉草等。透過葉子夜間的閉合，它們可減少熱量的散失和水分蒸發，發揮保溫保濕的作用。尤其是合歡樹，為了預防柔嫩的葉片受到暴風雨摧殘，葉子不僅在夜晚會睡眠，在遭遇大風大雨襲擊時也會漸漸合攏。這種保護性的反應與含羞草很相似，只是沒有含羞草那般靈敏。

隨著研究的不斷深入，觀點也越來越多，但都不能圓滿地解釋植物睡眠的奧祕。

正當科學家們感到困惑不已時，美國科學家恩萊特（J. T. Enright）提出了一個新的解釋。他在夜間用一根靈敏的溫度探測針，測量花豆（Phaseolus coccineus，即大紅豆）葉片的溫度，結果發現：呈水平方向（不進行睡眠運動）的葉子溫度，比垂直方向（進行睡眠運動）的葉子溫度要低攝氏一度左右。恩萊特認為，正是這僅僅一度的微小溫度差異，阻止或減緩葉子生長的重要因素。因此能進行睡眠運動的植物，在相同的環境中生長速度較快，與那些不能進行睡眠運動的植物相比，也具有更強的生存競爭能力。

儘管這種解釋還沒有得到完全的科學證實，但對於植物睡眠之謎的解釋還是邁進了一大步。

⊙ 植物也會午睡

科學家發現，植物不僅在夜晚睡眠，而且還有與人同樣的睡眠習慣——午睡。比如小麥、甘薯、大豆、孟宗竹等，都會午睡。

原來，在中午大約十一點至下午兩點，植物葉子的氣孔關閉，光合作用明顯降低。這一現象是科學家在測定葉子的光合作用時，用精密儀器觀察到。科學家認為，植物午睡主要是因為大氣環境的乾燥和炎熱，所以為了使減少水分散失，以便自己在不良環境中生存，植物在長期演化過程中，發展出一種抗禦乾旱的本能——午睡。

不過，由於植物午睡會導致光合作用降低，農作物減產，嚴重的可達三分之一，甚至更多。因此為提高農作物產量，科學家們會試圖減少，甚至避免植物午睡。

研究人員發現，透過噴霧方法增加田間空氣濕度，可以減少小麥午睡現象。實驗結果顯示，小麥經過這樣處理後，穗重和粒重都明顯增加，產量明顯提高。只可惜，目前在大面積耕地上用噴霧減輕植物午睡方法的應用還有不少困難。但隨著科學技術的發展，將來人們一定會創造出良好的環境，讓植物中午也高效率工作。

新知博覽——卷柏

草本蕨類植物卷柏（Selaginella）有一種本領十分奇特：如果將採到的卷柏存放起來，它的葉子會因乾燥而蜷縮成拳狀，看起來似乎已經乾死了——這其實是「假死」，一旦卷柏遇到水分，皺縮的葉子很快就會重新展開，漸漸復活。卷柏會三番五次「死而復生」，「生而復死」，再碰上乾旱，它依舊還會「假死」，等有水後再次「復活」。就這樣，經歷了曲折的、生生死死的艱難歷程，人們稱它為「九死還魂草」。

那麼為什麼卷柏會經常這樣呢？原來，卷柏生活在乾燥的岩石縫裡，很難得到充足的水分，長期演化的結果，使它們體內含水量極低。因此當卷柏遇到乾旱的季節時，便蜷縮成團，不再伸展，細胞都處在休眠狀態，因而即使體內的含水量不到百分之五，它照樣能「重生」。

植物自衛之謎

既然植物沒有神經，也沒有意識，它們是怎樣感受到害蟲侵襲？又是如何適時調整，合成對自身無害、而對害蟲有威脅的化學物質？又是如何發出和接收入侵「警報」？對此，科學家進行了大量的研究和探索。

⊙ 神奇的植物自衛

一九七〇年，美國阿拉斯加州的原始森林中野兔成災，它們瘋狂破壞樹根、啃食嫩芽，嚴重威脅著植物的生存。人們絞盡腦汁圍捕野兔，但收效不大。可就在這時奇蹟出現了：野兔們集體拉肚子，或死或逃。幾個月後，森林中再也見不到野兔了。原來，在兔子啃過的植物重新長出的芽、葉中，大量出現了一種叫萜烯（terpene）的化學物質。野兔吃了它，厄運就隨之降臨。

一九八一年，同樣的事情再度重演。美國東部的橡樹林遭到舞毒蛾（Lymantria dispar）的襲擊，在短時間內，四百億平方公尺的橡樹葉子就被啃得精光。面對嚴重的災情，林學家感到一籌莫展，因為對付舞毒蛾這種危害強烈的害蟲，任何措施都無濟於事。可奇蹟又出現了：在遭災一年後，植物的「自衛」使橡樹林又恢復了綠意。科學家對橡樹葉化學成分的分析表明，葉子在蟲咬前含有的鞣酸（Tannic acid）不多，但在被舞毒蛾噬咬後，橡樹葉中鞣酸含量大增。一旦這種物質與蟲胃內的蛋白質結合，舞毒蛾就很難消化橡樹葉，變得病懨懨或一命嗚呼，或被鳥類啄食。

英國植物學家也發現，白樺樹和楓樹也會「自衛」：在受到害蟲進攻後，幾小時或幾天內就能生成酚類、樹脂等殺蟲物質。有趣的是，美國科學家還發現：受害的柳樹、糖槭等植物，還會向遠處的夥伴發出入侵的警報，透過散發揮發性物質，及時通知同類做好集體自衛的準備。

⊙ 植物的毒素

沒有四肢、沒有爪牙，甚至不會運動，怎麼能防禦敵人與自衛呢？更不要奢談什麼還擊了。然而，植物確有自我防衛能力，甚至還能還擊，不過這種自衛、還擊只是根據它們自身的特點進行的特殊「行動」。植物禦敵有很多手段，而利用毒素自衛，就是植物禦敵的有效武器。

植物最容易遭受外來攻擊的部位，往往是毒素最為集中的地方，比如，植物賴以繁衍後代的果實、種子和花朵，鮮豔奪目，散發著陣陣芳香，最容易遭受動物侵襲，經常被當作食物被吃掉，繁衍就會受到嚴重威脅。植物毒素在這種情況下就會發揮極佳的自衛作用，當這些動物食用了果實、種子或花朵後，便會中毒；即使不被毒死，這些貪食的動物及它的同伴，也會因為痛苦的中毒反應，終生遠離這些植物。

一般來說，富含乳狀汁液的植物多半有毒，如除蟲菊（Chrysanthemum cinerariifolium）含有的除蟲菊素就有毒；相思樹中含有的氰化物，會損壞動物細胞的呼吸作用，更是劇毒；絲蘭（Yucca）和龍舌蘭含有植物類固醇，這種化學物質會使動物紅血球破裂；夾竹桃和馬利筋（Asclepias curassavica）的汁液中含有強心苷（Cardiac glycoside），昆蟲吃了後會因肌肉鬆弛而喪命；漆樹（Anacardiaceae Lindl.）割開樹皮後會流出乳白色的汁液，汁液中就含有漆酚，可使人和動物中毒等等。

此外，在遭受昆蟲侵襲時，馬鈴薯和番茄也會分泌一種化學物質，昆蟲一旦吃到肚子裡就無法消化，以後就再也不會去偷吃了。

⊙ 植物特殊的氣味

除了利用毒素保護自己外，很多植物還會用特殊的氣味、味道或刺激性物質保護自己。例如：百里香和鼠尾草，都能發出令動物們感到厭惡的特殊氣味，動物避之唯恐不及，哪裡還會去啃咬呢？很多植物還會呈苦味或酸味，動物一嘗也不會再吃了；紫杉、萬年青等植物，可以產生蛻皮激素等物質，昆蟲食用後會早日蛻皮，發育異常或無法發育成熟，繁殖下一代；昆蟲之所以一般都不吃橡樹葉，是因為橡樹葉子中含有鞣酸，會與昆蟲等動物體內的蛋白質形成一種錯合物（coordination complex）。

有些植物更厲害，比如煙草、毒芹（Cicuta virosa）等植物，同時擁有毒素與異味兩種自衛武器，不僅有毒，還會發出難聞的氣味，那些食草動物遠遠聞到這種氣味，就會轉向別處覓食了。

⊙ 植物的長針與刺

有些例如薔薇、月季（Rosa chinensis）、玫瑰等矮小的灌木，還會依靠長針、刺防禦自衛，它們的高度容易被野生食草動物啃食。但荒山野嶺由於荊棘叢生，這些灌木的枝上長滿了針刺，讓動物們難於靠近，根本不敢啃食破壞，因為更不用說鑽入灌木叢中了。

動物無法啃食仙人掌、刺槐（Robinia pseudoacacia），因為它們身上都長滿了刺，板栗的刺長在種子外面的總苞上；豆科植物皂莢樹的樹幹和枝條上，也遍布著許多大而分支的枝刺，猴子不敢攀爬，連厚皮的大野獸也不敢去碰它；刺錨草（Coldenia）產於南非，如鐵錨狀，硬刺四伸，刺上還帶著鉤，錨草的果實一旦刺入口腔、鼻孔就無法除去，有的獅子甚至會因此不能進食而危及生命。

有些植物，比如蕁麻（Urtica）更厲害，有著特別強的自衛能力，同時擁有毒素和針刺兩種「武器」。它莖葉上的刺毛帶毒，而且尖銳易折。刺毛在動物碰觸時，就會刺入動物皮膚並釋放毒素，導致動物疼痛難忍。雖然還有些植物的刺毛沒有毒素，但同樣很具有殺傷力。例如：在蠶豆葉面上，有一種鋒利的鉤狀毛，可以鉤住想在葉上啃食或產卵的昆蟲，使它們難以逃脫，最終只能死在葉片上。

植物針對外來攻擊，有形形色色的自衛手段，除了上述植物具有的種種防禦自衛「武器」外，還有一部分植物似乎一無所有——既沒有毒素，也沒有異味，既沒有針，也沒有刺，但是，它們照樣可以戰勝外來的侵襲，因為它們自己有著特殊的生理機能。比如懸掛在高空的高大的樹木，果實、嫩枝、嫩葉等，即使很多動物想啃食，也是可望而不可即；又如生長在乾旱地區的植物，為防動物啃食，通常都會長著針狀葉片。

此外，植物不僅在防禦動物的侵襲上，在抵抗病害的能力和傷後的自癒修復能力上，同樣表現傑出。

有些植物有著更令人驚訝的自我保護機制，它們不但會欺騙敵人，還會聯合防禦。比如有一種植物叫做赤楊（Alnus），在受到枯葉蛾的攻擊時，它們的樹葉就會轉移營養，同時會迅速分泌出更多的樹脂和鞣酸。這些蛾吃不到食物，就只好飛向另一棵赤楊，然而那棵赤楊此時已經接到了敵害入侵的訊號，也會迅速轉移身體的營養成分，同時還分泌出大量有毒液體。

由此可見，植物雖然沒有意識，但植物的自我保護行為卻又像是有意識的，原因何在？對此科學家只知道，它們獨特的保護方式是天擇的結果，而具體過程和原因對人們來說，依然還是個謎。

新知博覽——植物能發電嗎

在印度有一種樹非常奇特，如果不小心碰到它的枝條，你就會立刻產生觸電般的難受感覺。原來，這種樹可以發電和蓄電，而且隨著時間的不同，蓄電量也會發生變化，午夜帶的電量最少，中午帶的電量最多。有人推測，這可能與太陽光的照射有關。這種「電樹」引起一些植物學家和生物學家的注意，如果能揭開它發電和蓄電的祕密的話，也許按照它的發電原理，我們可以製造出一種新型的發電機。

雖然對植物發電目前的研究還有很多困難，但人們並沒因此而放棄它。首先，植物作為能源取之不盡；其次，它比太陽能電池有更明顯的優越性，在能源缺乏的今天，植物發電具有廣闊的前景。

食肉植物知多少

動物吃植物天經地義，而植物吃動物就顯得有些不可思議了。可是，這個世界上卻的確存在著吃肉的植物。

① 植物怎麼會「吃肉」

食肉植物又稱食蟲植物，借助特別的結構，能捕捉昆蟲或其他小動物，並透過消化酶、細菌或兩者的作用，分解小蟲，然後吸收其養分。

目前已發現了約四百多種食肉植物，這些植物多為綠色植物。研究發現，食肉植物能分解捕獲的動物，這個過程和動物的消化過程非常類似，分解的最終產物，尤其是氮的化合物及鹽類，就被植物所吸收了。

食肉植物多數能適應極端艱苦的環境，都能進行光合作用，又能消化動物蛋白質。其誘捕工具多為葉的變態。有些食肉植物幾乎遍布世界各個角落，其中的捕蠅草反應最為迅速。食肉植物生長的環境大都是潮濕荒地、酸沼、樹沼、泥岸等水分豐富而土壤酸性缺乏氮素的地方。不過，無論水生、陸生或兩棲，食肉植物都有相似的生態特點。大部分食肉植物是多年生草本，高不過三十公分，常僅十～十五公分，個別種類有長至一公尺的，最小的可以隱藏在水藓沼澤的藓類中。

① 豬籠草

作為一種人們比較熟悉的食肉植物，豬籠草（Nepenthes）主要分布在印度洋群島、斯里蘭卡及中國的雲南和廣東南部等地，大約三公尺高，是一種常綠半灌木。豬籠草的葉子寬而扁平，很長，緊貼在枝節部分。葉子中間部分延伸成細長的卷鬚，而它之所以叫做豬籠草，是因為葉子最外邊部分就像個懸掛著的「瓶子」。這「瓶子」長長的，色澤鮮豔，乍一看好像一個豬籠；葉子的最末端就是「豬籠」的蓋子。

豬籠草的籠子長約十五公分，內壁、籠口布滿了可以分泌出又香又甜蜜汁的蜜腺。這種又香又甜的蜜汁，可以吸引小飛蟲。可當小飛蟲飛來吃蜜時，常常會因光滑的籠口而失足跌進籠裡。這時候，豬籠草馬上就會蓋緊籠蓋，使小飛蟲有翅難逃。由於籠壁非常光滑，雖然倒楣的飛蟲在裡面努力往上爬，可根本爬不上來，而且籠壁的消化腺受到飛蟲掙扎的刺激，會立刻分泌出一種又黏又稠的消化液，把小飛蟲化成肉汁。

豬籠草的種類很多，全世界一共有七十多種，除了蛾、蜜蜂、黃蜂等昆蟲，它甚至還能捕食蜈蚣、小老鼠等。

⊙ 狸藻

狸藻（Utricularia aurea）也是一種「食肉」植物，它生活在各地池沼中。這是一年生的草本植物，總是全身都沉在水裡（除秋季開花期外）。它的莖細而長，上面還有許多分支，枝間有血多由葉變成的捕蟲囊散生著，囊口有活瓣能向裡開動，口緣生有幾根刺毛，常會隨水漂動。當小蟲順水游入囊內時，只能向裡開的活瓣就會牢牢將小蟲關在裡面，小蟲只得乖乖地束手就擒，成了狸藻的美餐。有人曾測試過：狸藻捕蟲，前後持續甚至不超過一分鐘。

更有意思的是，科學家還發現，如果不讓狸藻捕食蟲子，它就不能開花結果。看來，「食肉」是狸藻生命中不可缺少的一環。

⊙ 好望角毛氈苔

好望角毛氈苔（Drosera aliciae）是一種多年生柔弱小草本，別名落地珍珠、食蟲草、捕蟲草、草立珠、一粒金丹、蒼蠅草、山胡椒等，生於林下陰濕草地或山坡草地上。地下有球形塊根，葉互生，有細柄；葉片稍呈半月形，表面有許多能分泌黏液的腺毛，初夏開花。

植物都是依靠葉綠素的光合作用製造營養物質而生存，然而也有少量植物卻能捕食小昆蟲以吸取營養物質，作為這一類食蟲植物，毛氈苔可捕捉昆蟲，然後分泌液體消化吸收蟲體的營養物質。

新知博覽——為什麼會有連理樹

兩棵樹的枝或根合生在一起，通常被人們稱為「連理樹」。這種現象在深山老林裡並不鮮見，那麼這種連理樹是如何形成的呢？

自然界中樹木的這種連生現象，實際上是天然嫁接。現在在園林營造上，人們常使同科或同屬植物嫁接，就是受自然連理現象的啟發。

連理樹的形成由於情況不同，也有不同的原因。一種是相鄰的兩棵樹生長，當它們的枝杈相交時，在風力作用下，樹皮長時間被磨破，露出形成層，相交之處的形成層在風停後，便產生了新細胞，使它們相互癒合，而形成了連理枝。

另一種情況，是因為藤本植物的作用，它把相鄰兩棵樹的枝杈纏繞在一起，相互擠壓表皮，時間一長，接觸部位的形成層凸起，連成一體，也就形成了連理樹。

還有一種情況是根的連理。當相鄰樹木的根平行生長時，它的直徑逐漸加粗而相互擠壓，根的表皮破裂就形成了連理根。

現在，根據連理樹形成的道理，人工培養出各種奇趣的連理樹來裝點園林。

植物的年輪之謎

人和動物都有年齡，而樹木則有年輪。樹在被鋸倒之後，我們從樹墩上就可以看到許多同心的輪紋，一般每年形成一輪，因而也被稱為「年輪」。那麼年輪是怎樣形成呢？它又是怎樣把大自然的變化記錄在身的呢？

⊙ 年輪的形成

由於受到季節的影響，植物的生長具有週期性的變化。在樹木莖幹韌皮部的內側，有一層形成層，細胞生長得特別活躍，分裂也快，這樣就能形成新的木材和韌皮部組織，樹幹的增粗全都是它活動的結果。

形成層在每年春夏兩季，天氣溫暖雨水充足時，細胞活動也特別旺盛，細胞分裂較快，向內就會產生一些腔大壁薄的細胞，輸送水分的木質部多，而纖維細胞較少。這部分木材質地疏鬆，顏色較淺，稱為「早材」或「春材」。

而在夏末至秋季，氣溫和水分等條件逐漸無法滿足形成層細胞的活動，所產生的細胞也小而壁厚，纖維細胞較多，木質部的數目也極少。這部分木材質地緻密，顏色也深，稱為「晚材」或「秋材」。每年形成的早材和晚材，便逐漸過渡成一輪，代表一年所長成的木材。在前一年晚材與第二年早材之間，界限分明，從而成為年輪線。

⊙ 樹木的年代

作為樹木獨特的語言，年輪不僅能提供樹木的年齡，還記錄與提示了很多自然現象。

美國科學家道格拉斯（A. E. Douglass），在一八九〇年代末，創立了一個新的學科領域

——樹輪年代學（Dendrochronology）。將年輪當作過去氣象類型標準的尺度來研究，從樹樁、木塊及活樹上，可以看出年輪的寬窄。樹木每年的生長都取決於土壤的濕度：水分充分的時候，年輪會很寬。透過對同一地區樹木年輪的比較，我們能判斷出每圈年輪的生長年代，然後就可以劃分出每圈年輪所代表的準確日期。

⊙ 年輪記錄自然的歷史

一八九九年九月，美國阿拉斯加的冰海峽角（Ivy Strait Point），曾發生過兩次大地震。在研究附近樹木的年輪後，科學家發現：樹木在這一年的年輪較寬，說明樹木在這一年的生長速度較快。科學家認為，這是由於地震的作用，樹木的生態環境改善。他們還發現，由地震造成的樹木傾斜、樹根網系的瓦解等現象，也都能在年輪上看出來。

此外，年輪還可以提供過去火山爆發的紀錄。樹木的生長期中，如果當氣溫降到冰點以下，樹體就會受到霜凍的損害，年輪內就會出現疤痕。這種寒冷氣候常常都與火山爆發有關。因為火山爆發會向大氣層噴入塵埃和其他物質，遮住陽光，使地球溫度降低。

相關連結——植物為何能長生不老

世界各地時常可見年齡達數百、數千歲的老樹，水杉（Metasequoia glyptostroboides）是世界上壽命最長的植物，有的甚至可以活到四千歲以上，甚至在美國還有成片的長壽林。而即使是在動物界被視為長壽象徵的烏龜，頂多也只能活到幾百歲而已，人類的壽命就更短了。為什麼植物的壽命遠比動物的長呢？

植物和動物延續生命都是靠繁衍。動物的繁殖需要精子和卵子的結合，即使是「複製生物」，也需要有卵細胞或胚胎細胞的參與。而植物卻可以單細胞（借助自身細胞）繁殖，可以不停分裂而「永不死亡」。漫山遍野的植物往往會因為一場森林火災化為灰燼，但一到次年春天，燒焦的樹幹上便可以重見稀稀疏疏的新綠。

岩石上開花的奧祕

我們都知道，土壤是高等植物生長的根基，植物需要從土壤中汲取必要的水分和營養。有誰能想到沒有生命的石頭上也可以開花呢？

其實，真正的岩石也並非寸草不生。雖然高等植物在光禿禿的岩石上有些無能為力，但一些低等的岩生植物，卻能在岩石上表現出強大的生命力。

⊙ 岩生苔蘚

岩生植物的生存環境非常殘酷。白天，陽光照耀著岩石，石頭上的溫度可高達攝氏五十度～六十度，夜間則很快下降到最低點。另外，由於岩石絕對乾燥，岩生植物只能利用自己的表面來吸收水分，同時為讓自己附著在岩石上，還要具備有效的固著器官。如此惡劣的條件，只有藻類、地衣和苔蘚植物才能生存。

生長在岩石上的苔蘚植物，主要有黑蘚類、灰蘚類和紫萼鮮類。黑蘚一般生長在高寒地帶的乾燥花崗岩上，植物體密集叢生，在岩石上形成一層黑紅色的稠密墊子，並帶有光澤，莖高約兩公分，葉片密集地生於莖的上半部，下部莖通常裸露。

由於岩生植物環境的水量不平均，當環境乾燥時，它的葉子即呈覆瓦狀緊貼於莖枝上，潮濕時才會展開。

⊙ 植物中的兩棲類

在植物界裡，也有兩棲類的植物，那就是苔蘚。同青蛙一樣，它們的生長發育分為幼體和成體，並能產生精子和卵子，進行有性繁殖。苔蘚受精時需要水，這也表現出了它們的水生習性。而有的階段則需要在空氣中進行，當受精卵在幼體（即配子體，gametophyte）上形成胚胎，再由胚胎發育成假根（或稱足）、莖、葉、孢蒴等成體（即孢子體），成體上的孢子成熟後散發孢子時，就要在陸上生活了。這又表現出它們的陸生習性，而這些都是典型的兩棲類特徵。

⊙ 植物界的開拓者

苔蘚植物的孢子落在裸露的石面或斷裂的岩石上，就能夠萌發，生長成植株。苔蘚植物在生長過程中，還能夠不斷分泌酸性物質，溶解岩石表面。同時，苔蘚植物本身死亡的殘骸，也會堆積在岩石表面上形成腐殖質。被溶解的岩石和腐殖質經過長期積累，就會形成土壤，薄層的土壤上可以生長小草和其他小型的植物（根系不太發達）。植物由小變大，土壤也隨著由薄變厚，更多的植物如灌木、喬木等也就逐漸能夠生長了。所以說，苔蘚植物是大自然的拓荒者。

新知博覽——植物也會害怕嗎

有人認為，植物也有喜怒哀樂，它們的情感波動表現為生物電（bioelectricity）的變化。對植物感情的研究，最早來自一個美國人巴克斯特（Cleve Backster）的異想天開。一九六年，巴克斯特為一棵龍血樹澆水時，突然想測水從根部上升的速度，於是就把測謊機的電極綁到龍血樹的葉子上；不料測謊機真的有了反應，就好像人們情緒激動一樣，指針劇烈擺動。

巴克斯特為了進一步研究，便改裝了一台測謊機記錄器，從而記錄下植物的一些微小變化。這一次，他用火柴假裝去燒植物的葉子，測謊機的指針馬上又劇烈擺動，這表明龍血樹感到「害怕」。不僅如此，當在它面前殺死其他生物時，龍血樹都會有強烈的反應。

不過有人認為，巴克斯特的實驗並不沒有科學依據，因為沒有神經系統的植物根本就無法有感情，即使產生類似動物的神經衝動，測謊機的指針雖然發生擺動，也只不過是由於植物體內循環水分的變化引起了電流改變。

但也有人堅持認為植物也能有感情，水分循環的變化，就是受控於它們的「情緒」。透過自行設計的一套裝置，一位加爾各答大學的物理學教授，能夠放大並記錄植物組織的微小動作。他發現，植物在被噴射麻醉劑之後，面對壓力時葉片就無法做出反應，而一旦它們接觸到新鮮空氣，對於壓力的反應與動物肌肉的反應差不多。

究竟誰是誰非？目前還需要進一步的研究。

植物界中的寄生植物

在龐大的植物家族中，大多數成員都「安分守己」，無聲無息在複雜的大自然環境中自力謀生。它們用根吸收土壤中的水分和養分，用莖、葉的表面吸收空氣中的二氧化碳氣；憑藉陽光在葉綠體——自己的「神祕工廠」裡，製造有機物，這就是眾所周知的光合作用。光合作用製造的有機物，都在植物的果實、種子和根、莖、葉中儲存著。

這些儲藏物質，既是植物賴以生存的「食物」。從廣義上說，這是綠色植物的偉大功績——綠色植物養活了整個生物世界。

然而，在植物的「家族」中，也還有一些不是「安分守己」生活。這些「不務正業」的分子是像寄生蟲一樣過日子，專門寄生或半寄生在其他植物上，如菟絲子（Cuscuta chinensis Lam.）、野菰（Aeginetia indica）、大王花（Rafflesia）、桑寄生（Taxillus chinensis）、槲寄生科（Santalaceae）等。

⊙ 到處「偷嘴」的菟絲子

在夏天，路旁的雜草或田間的大豆上，總會纏繞著一種金黃色的絲狀物，它們沒有一片綠葉，也沒有根，卻能生長和開花結果，這種植物就是菟絲子。

既然菟絲子是植物，沒有根，它怎樣吸收水分和養分呢？

我們只要細心觀察，就能發現它的祕密。菟絲子的種子春天發芽、生根，最初長出來的苗維持生命，主要依靠種子裡的營養物質。它有少量的葉綠素，也能製造一點點養分，所以莖也稍稍發綠。而等它找到了寄主後，只要能在大豆或雜草上纏上一兩圈，它的根便會死亡，從此也就死心塌地靠寄生生活了。

菟絲子很會吸其他植物的「血」，它的莖可達一公尺多，細長，並且有分支。莖上長有很多好像嘴巴一樣的吸盤，可以伸進大豆莖的皮下「偷嘴」。況且一段莖上每十公分都有吸盤，都可以單獨存活，蔓延很快。由於大豆的營養每天都被竊取，所以經菟絲子纏繞，慢慢就會枯萎。菟絲子危害嚴重時，甚至可以造成大豆顆粒不收，因此它也是農作物的大敵之一。

在夏秋時，菟絲子會開白色的小花，花冠像個小小的鐘，有五個小裂片。每朵花都可以結黑色的細小種子兩～四粒，菟絲子一年可結籽兩千～三千粒。它的種子在土壤中保存四～五年後還可以發芽。不過，菟絲子雖然有很多害處，但也不是不能被利用，那就是它的種子可以做藥材，用以補肝腎、益精髓。

⊙ 植物中最「懶」的花

大王花生長在熱帶南洋群島的爪哇、蘇門答臘、婆羅洲等地，非常有名，因為它是世界上最大的花，直徑可達一百四十公分。而世界上最小的花——池塘裡的浮萍花，直徑僅有半毫米，只有在放大鏡下才能看清楚，大王花的花比浮萍的花要大一千四百多倍。比起我們常見的桃花，大王花的花足比它大六十～七十倍。重量也十分驚人，一般的重數五公斤，一朵最大的花竟然重達五十八公斤。即使一個成年男子要舉起，也有點吃力。

大王花有五個花瓣，每個花瓣約二十公分厚，直徑也有三十～四十公分長，紅色的花瓣上滿布著許多黃白色斑點。花的中央有一個大盤直徑盈尺，形似臉盆，邊緣高起，中間生著花蕊和花蜜。花蕊比我們用的筷子還要長，約高三十公分。

不幸的是，大王花開放的時候，會散發著一股令人作嘔的強烈臭味；而且花的顏色也如腐肉，蒼蠅和甲蟲聚集其上，讓人看了心生厭惡。

不僅如此，大王花還非常「懶」，它的整個植物體就是這一朵花，其他部分都「懶」於生長，不長枝、也不長葉。而且，大王花還會寄生在一種藤本植物（和葡萄是近親）的根上，竊取養分，過著寄生的生活。大王花的花蕾，起初比胡桃還要小，但是長得非常快，不久就能長成白菜般大小。它連花也「懶」得長時間開——到花盛開時，只開一～兩天便凋謝了。

因為大王花不會自花授粉，只好以奇臭招來蒼蠅和甲蟲，幫它授粉，然後給它們「恩賜」，一些蜜汁吃；它常常把種子黏在大象的腳上，從而被帶到別處安家落戶，繁衍子孫。

這種花生長在熱帶雨林中，又大又臭又「懶」，不過這也是長期演化而來，不是有意識的活動。但有一件與它有關的憾事：約瑟夫．阿諾德（Joseph Arnold）——第一次記載大王花的人，這位勇敢的自然科學家在熱帶沼澤森林中發現了大王花；然而，密林中的不良氣候使他的健康嚴重受損，兩週後便得黃熱病死去了。

⊙槲樹上的「食客」——槲寄生

有生物學家在中國河南的伏牛山作植物調查時，聽說了一件有趣的事。據當地農民介紹，那裡有棵能長兩種枝葉的「神樹」，冬天它的大多數葉子都掉落，有些枝葉卻依然綠著。古代人迷信，認為這是有「神靈」在樹，並燒香叩頭；有人還採「神樹」枝來治病，有些病竟然治好了，為此越傳越玄妙。

經過調查，原來那棵大樹是山毛櫸科的槲樹，而樹上的那常綠不凋的枝葉卻是另一種植物，叫槲寄生。作為一種寄生植物，它不長在土地上，偏愛長在槲樹上，也能長在朴樹、榆樹、櫟樹、楊柳樹上。

槲寄生為了吸收養分，會將根扎進寄生植物的皮層，以便讓自己四季長青。到了冬季，槲樹落葉，槲寄生卻不落葉，還是綠葉青枝。因為槲寄生在吸收寄主的養分後，透過行光合作用，也製造了一些「食物」，所以植物學上稱它為半寄生植物。

槲寄生高三十～六十公分，是一種木本植物，枝叢生，有分支，莖分節，節上有分叉。葉披針形，成對生於枝端，革質肥厚，表面光亮，長三～六公分。花期為每年的四～五月，花生於枝叉或枝端，鐘形沒有柄，黃綠色，有四個裂片。九月份，槲寄生會結出半透明的橙黃色漿果，直徑為八毫米。

有趣的是，槲寄生有著黏稠的果汁，黏著力也很大。一般鳥都愛吃它的果實，口大的鳥可以把它的果實一口吞下，經過消化後，槲寄生的種子會隨糞便排到其他樹上。有的鳥口小，吞不下它的果實，又黏嘴，便在樹皮上磨來磨去，常把種子黏著到其他樹皮上，這樣就又能滋生繁殖了。

其實，槲寄生也是一種藥材，能補肝腎、除風濕、強筋骨、治凍瘡、止咳、安胎下乳，還有強心和降血壓的作用。難怪有人迷信「神樹」能治病，其實是槲寄生的藥效。

新知博覽——植物「出汗」之謎

很多植物在夏天的早晨，總有一滴滴的水珠從葉子的尖端或邊緣上淌下來，好像在流汗似的。有人說這是露水，那麼滴下來的真是露水嗎？

其實，那些亮晶晶的水珠，是從植物葉片尖端慢慢冒出來，並逐漸增大，最後掉落；接著，葉尖又重新冒出水珠，慢慢增大，然後又掉了下來，並且一滴一滴，連續不斷。露水應該是布滿葉面，顯然這並不是露水。那麼，這些水珠應該就是從植物體內跑出來的了。

原來，在植物有一種小孔叫做泌水孔，長在葉片的尖端或邊緣。連通著植物體內運輸水分和無機鹽的木質部，透過泌水孔，植物體內的水分可以不斷排出體外。當氣候比較乾燥、外界的溫度高時，水分從泌水孔排出後就很快蒸發散失了，所以我們看不到葉尖上有積聚的水珠。如果外界的溫度很高，濕度又大，在高溫的作用下，根部的吸收作用就會變得旺盛，濕度過大，從而抑制水分從氣孔中蒸散，這樣水分就只好直接從泌水孔中流出來。在植物生理學上，這種現象叫做「泌溢現象（Guttation）」。

在盛夏清晨，這種泌溢現象最容易看到，因為根部的吸水作用會因為白天的高溫變得異常旺盛，而夜間蒸發作用減弱，濕度又大。

在稻、麥、玉米等禾穀類植物中，植物的泌溢現象經常發生。這種表現在芋艿、金蓮花（Tropaeolum majus）等植物上也很顯著。在泌溢最旺盛時，芋艿每分鐘可滴下一百九十多滴水珠，一個夜晚就可以流出十～一百毫升的清水。

植物的本領

植物有很多種本領，除了基本的生存本領以外，還有個別的植物具有一些很特殊的本領，充分展示了大自然的奇妙。

㈠ 會報時的植物

每天，各種植物開花的時間基本是固定的。例如清晨三點左右蛇麻花（Humulus lupulus，即啤酒花）開、四點左右牽牛花開、五點左右野薔薇花開、六點左右龍葵花開、七點左右芍藥花開、十點左右向日葵開、下午三點左右萬壽菊開、下午五點左右紫茉莉花開、傍晚六點左右煙草花開、晚上七點左右絲瓜花開，夜晚十～十二點左右曇花開放。

著名植物學家林奈（Carl Linnaeus），曾把一些在不同時間開花的植物種在花壇中，栽成一個「花鐘」，只要看一看花壇中的花，便可知道大約幾點鐘了。每年，不同的植物開花季節也不同，根據開放的鮮花便可知道是幾月份。

植物的開花時間與客觀條件分不開，如溫度、濕度、光照等，也與自己的生長需求和習性緊密相關。它們這種定時開花的特性，是長期天擇和適應環境的結果。

不用種子繁殖的植物

自古以來，農業上習慣以天然種子播種，獲得更多的收成。可是在自然界中，還有許多不用種子也能繁殖後代的植物。例如草莓可以用匍匐莖繁殖、秋海棠可以用葉繁殖、大蒜可以用鱗莖繁殖、馬鈴薯可以用塊莖繁殖、竹子可以用根莖繁殖，可謂五花八門，無奇不有。

人們常根據不同植物的特性，採用不同的繁殖方法。例如葡萄、油茶、楊樹、柳樹等植物，可以截取它們營養器官的一段，上面生有不定根和不定芽，插在土中繁殖；丁香、草莓、刺槐等植物，在根莖和枝條上直接就能產生新植株，可以人工分離，分別栽植；而桑樹、石榴等植物，可以用土將它們的枝條埋住，只留下枝條的頂端，待生根後再分離，單獨種植。人們還經常使用嫁接的方法，即將一棵植物的枝條接在另一棵有根植物上。例如將一棵蘋果樹的莖（或枝）切斷，在切口上安放一株梨樹的枝條，仔細包紮好，精心培育，幾年後便會在蘋果樹上長出梨來。隨著科學技術的進步，更高級的植物繁殖方式已經產生，例如用花粉培育植株，用植物的體細胞培育植株，令人耳目一新。

會發光的植物

在植物中，還有一些會發光的樹，中國的貴州省也長有一種珍奇的發光樹。它十分粗大，枝繁葉茂，每到夜晚，葉緣便會發出半月形的閃閃螢光，好似一彎明月，當地人都稱它為月亮樹。這種樹是第四紀冰河之後的倖存品種，珍貴無比。原來，這種樹含有大量的磷，遇氧便會燃燒，發出螢光。

⓾ 會探礦的植物

大地遼闊而富饒，地下更蘊藏著難以估量的礦藏。千百年來，人類為了探礦，花費了大量的時間、金錢和勞力，但只開採出很少的地下財富。

最近幾十年來，科學家們驚喜地發現，某些植物喜歡在特定的礦床上生長。例如，生長針茅（Stipa capillata）的地方可能有鎳礦、生長鹿尾菜（Sargassum fusiforme）的地方可能有硼礦、生長石楠（Photinia serratifolia）的地方可能有錫礦和鎢礦、生長狼毒花（Stellera chamaejasme）的地方可能有鈹礦、生長蒿子（Chrysanthemum carinatum）和冬青葉兔唇花（Lagochilus ilicifolius）的地方可能有金礦、生長檜樹的地方可能有鈾礦等等。有趣的是，生長在礦床上的某些植物會改變自己的相貌。例如正常生長的白頭翁（Anemone chinensis），開很大的花朵，渾身密被白色長毛；而生長在鎳礦上的白頭翁則變成藍色，花瓣撕裂或消失，只有赤裸的雄蕊，根據這個特徵便可找到鎳礦。

另外，同一種礦藏可以有幾種不同的指示植物。例如：銅礦指示植物（indicative plant）在澳洲為石竹科植物（Caryophyllaceae），在中國則為海州香薷（Elsholtzia splendens），在俄羅斯烏拉爾則為一種開藍花的野玫瑰。很多指示植物還能把土壤中所含的礦質元素濃集到體內，簡直成了「植物礦石」。例如，生長在鍶礦上的柳樹葉中，積存的鍶是標準量的三十～四十倍；生長在鋅礦上的一種鋅草，它的一公斤灰分（指在分析化學或生物材料定性分析中，化學分析之前為了預先濃縮微量物質，通過高溫灼燒等手段，使有機成分逸散得到的殘留物）中，含鋅量竟達兩百九十四克，人們從這些植物裡提取所需礦物質元素非常簡單。

⊙ 能預測風雨的植物

在中國南方生有一種風雨花（Zephyranthes grandiflora Lindl.，即韭蘭），原產美洲，是石蒜科一種多年生草本植物。葉子很像韭菜，鱗莖圓形，在春夏之季開出白、紅、黃等顏色的花。有趣的是，每當暴風雨到來之前，它就綻放大量的花朵，預報風雨的來臨。原來，在氣溫高、氣壓低、水分蒸發量大的情況下，鱗莖內開花激素倍增，刺激花芽迅速生長，因而具有風雨來前開花的特性。

植物中，還有一些「義務氣象員」，如茅草的葉莖交匯處冒水沫、結縷草（Zoysia japonica）的葉莖交界處出現黴毛團，都提示人們天要下雨了，柳樹和龜背竹也是。

⊙ 能致人幻覺的植物

曼陀羅（Datura stramonium），又叫洋金花，自古以來，人們便知道它有麻醉作用。曼陀羅屬於茄科一年生草本植物，全身幾乎不長毛。葉片呈卵形，葉緣有波狀短齒。它在夏天開花，花單生，直立；花萼筒狀，花冠漏斗狀，好似一個長柄喇叭；花有白色、紫色和淡黃色。它在秋天結實，果實有爆米花大小，外被許多針刺，使人不敢接近。

曼陀羅含有顛茄類（Atropa belladonna L.）生物鹼（alkaloid），能使人麻醉昏倒，有時還會使人產生許多怪異幻覺，古人常用它做蒙汗藥。現在，它己成為臨床上常用的麻醉鎮痛藥。有一些仙人掌科的植物，肉莖中含有一種生物鹼，人吃少量後便會顫抖、出汗，一～兩小時後進入幻覺狀態，舉止古怪，做事荒誕。

大麻中也含有一種麻醉劑，大量服用後，使人血壓升高，瞳孔擴張，並產生奇怪的幻覺。真菌中也有一些致幻的蘑菇，如毒蠅傘（*Amanita muscaria*）含有毒蠅鹼，人食後會產生看什麼東西都變得很大的幻覺。

目前，人們己從許多致幻植物中提取有效成分，用於臨床治病。這類的植物都有毒副作用，過量服用還能致人死亡，千萬別吃！

⊙ 能預測地震的植物

地震的發生常常出人意料，造成的後果又相當嚴重。千百年來，人們不斷尋找可以預測地震的方法，力求及早採取措施，把地震造成的損失降低到最小。

科學家發現，地震發生前的異兆，能引起植物異常的生長和開花結果，因而可以作為預測地震的「報警植物」。例如一九七六年，中國唐山地區的竹子開花，柳樹枝梢枯死，不久就發生了損失慘重的唐山大地震。

日本科學家對這些異常現象深入研究，用靈敏的記錄儀器，測定了合歡樹的生物電位，並認真分析了幾年來的記錄，發現這種植物能感知火山活動和地震前兆的刺激，從而出現明顯的電位和電流變化。

一九七八年六月十日和十一日，合歡樹出現異常大的電流，十二日異常電流更大。當天下午五點左右，日本的宮城縣海域便發生了七點四級地震，餘震持續了十幾天，電流也隨之趨小。

科學家認為，合歡樹的根系能夠捕捉到地震前伴隨而來的地溫、大地電位、磁場等因素的變化，從而導致植物體內的電位也發生相應變化。因此，植物的反常現象，對預測地震有重要的參考價值。

⊙ 會縱火的植物

在澳洲生長著一種桉樹，它能分泌一種香精油，這種香精油在乾旱酷熱的環境中便會自燃，從而引起森林大火。

曾經有一年裡，由桉樹排出的香精油引發了幾百次森林大火，造成了巨大的損失，所以當地人都稱它為「縱火樹」。在美國的加利福尼亞州，過去經常發生一些不明原因的火災。經過多年調查，科學家終於發現了縱火的「兇犯」，它就是白鼠尾草（Salvia apiana）。

原來，白鼠尾草會散發出一種叫做單萜（monoterpenoids）的無色有機物，是一種易燃物質，當空氣中的單萜達到飽和時，遇到高溫的天氣便會燃燒，釀成火災。

會發熱的植物

在南美洲中部的沼澤地裡，生長著一種叫臭菘（Symplocarpus foetidus）的極地植物，它具有一片漏斗狀的佛焰苞，將中央的肉穗花序嚴密包裹。在持續兩週的開花期間，天氣依然很寒冷，而佛焰苞內的溫度卻總是恆定在攝氏二十二度，比外界的氣溫高二十度左右。科學家揭開了它的祕密，發現臭菘的花朵中存在許多能產生熱量的細胞，細胞內的一種酶會氧化碳水化合物，釋放出大量熱量，從而保持較高的恆定溫度。

無獨有偶，有一種叫蔓綠絨（Philodendron）的植物，是用脂肪作為「燃料」產生熱量，效率比臭菘還高，花中的溫度可達到攝氏三十七度；在北極生活的植物，則有自己獨特的本領，它們都有追逐太陽的習性，能像孵卵器那樣聚集熱量，保持花中的溫度要比外界稍高，所以在冰雪中也能開花結實。

有些人認為，植物的花朵產生熱量，有助於加速花香散發，從而招引昆蟲來授粉；而發熱的花朵也像一間間暖房，引誘昆蟲前來躲避嚴寒，順便完成授粉。還有的人認為，花朵產生熱量會延長自身的繁殖時間，於是更容易開花結果，傳宗接代。關於植物花朵發熱的問題，現在仍舊眾說紛紜，有待人們發現更多證據。

長手的植物

芸香科植物中有一名叫佛手柑（C. m. var. sarcodactylus）的樹，它有幾公尺高，枝條上長著許多銳利的長刺，容易刺傷人。

佛手柑的果實十分稀奇，果實下部的一小半呈橢圓形，上部剩下的一大半分裂成十多根長短不一的「手指」，就像一隻人手。佛手柑金黃鮮豔，香氣濃烈，但不能吃，味道很差，常作為一種中藥。

葫蘆科植物中有一種佛手瓜（Sechium edule），它的果實下端膨大，上端有數條溝紋，頗像一個人的拳頭，因而人們也叫它佛手。佛手瓜是一種胎生植物，它的種子離開瓜便不能萌發，必須在瓜中長成幼苗。

⊙ 會搬家的植物

在地中海東部的沙漠地區，長有一種會「搬家」的草，叫做含生草（Anastatica hierochuntica）。含生草屬於十字花科，非常稀有，它對自己未成熟的果實種子十分「疼愛」，一遇上乾燥的天氣便抖落身上所有葉片，枝條向內彎曲成一團。風也會幫忙將它連根拔出，讓它在地面上滾動。如果滾到濕潤的地方，它就會露出根，重新扎入土中，並打開枝條，繼續養育種子直至成熟。

⊙ 令老鼠膽寒的植物

老鼠不僅糟蹋莊稼和糧食，而且傳播鼠疫等嚴重疾病，為人類的生活造成很大的威脅，千百年來，人們都想方設法防治老鼠。

在羅馬尼亞有一種琉璃草（Cynoglossum zeylanicum），它含有一種生物鹼，能夠破壞老鼠的神經系統，將其殺死。

紫草科中有一種叫小花琉璃草（Cynoglossum lanceolatum）的植物，人們也叫它鼠見愁，是著名的驅鼠植物。它能散發一種老鼠無法忍受的氣味，老鼠一旦聞到，立刻逃避，甚至寧可跳入水中，也不敢越過有這種植物的地方。

爵床科有一種植物叫老鼠簕（Acanthus ilicifolius），莖葉上長有尖銳的刺，把它放在老鼠出沒的場所，老鼠便望而生畏，絕不逾越.;忍冬科中的接骨木（Sambucus williamsi）是一種落葉灌木，含有一種特殊的揮發氣體，對老鼠有劇毒，老鼠聞之即逃，有些地區的人們常把接骨木放在穀倉中。

另外還有一些植物，如羊躑躅（Rhododendron molle）、稠李（Prunus racemosa）、毛蕊花（Verbascum thapsus）等等，要嘛含有滅鼠的有毒物質，要嘛散發出鼠類不能忍受的氣味，令老鼠們心驚膽寒。

⊙ 會發射子彈的植物

鳳仙花很美，它的果實卻碰不得。鳳仙花果實呈橢圓形，成熟後只要碰它一下，它就會「炸」開來，五片果瓣急劇向內蜷縮，將種子彈出一公尺外。

美洲有一種沙盒樹（Hura crepitans Linn.），它的果實成熟開裂後會發出巨響，能將種子射出時十幾公尺遠。其實，日常生活中我們熟悉的豌豆、黃豆、綠豆也都會彈射種子，只不過距離稍近罷了，這些植物都有發射種子的高超本領，因而都是自力傳播植物。

新知博覽──植物的全息現象

日常生活中，我們將一根磁棒折成幾段，每個小段的南北極特性依然不變，物理學上把這種現象稱為全息（holography）。

其實，不只是磁棒具有全息現象，在植物中這種現象也廣泛存在。例如，將消毒的百合鱗片組織培養，鱗片基部最先長出小鱗莖；如果將鱗片切碎培養，這些小碎塊照樣會長出小鱗莖，而且都是在每個植段的基部首先產生，小鱗莖的數量也是越靠近基部越多，這個規律正好跟百合植株生芽的規律相符，所以也是一種全息現象。大蒜、甜葉菊（Stevia rebaudiana）、彩葉草（Plectranthus scutellarioides）等植物均有類似的全息現象。

不僅如此，植物在形態上也具有全息現象。一支生梨，外形極像縮得很小的梨樹；一張豎在地上的棕櫚葉，外形酷似一棵縮小的棕櫚樹；葉脈為網狀的植物，它們的主莖的分支多呈網狀；葉脈平行的植物，它們的主莖不分支。

植物全息現象已取得顯著成果，按照這種規律，馬鈴薯的塊莖下部的芽眼長出塊莖的能力，肯定比上部強，實驗結果證明，這種效應可使馬鈴薯增產近五分之一。人們在種植玉米、水稻等作物時，利用全息規律也都獲得高產量。

植物與現代科技

二十一世紀科學技術的發展，主要是生物工程技術的發展，以及在物理、化學領域的應用。當然，現代科技的發展也深入到了植物領域。

⊙ 無籽果實的培育

不產生種子的果實叫無籽果實，可分為兩類：一類是天生的無籽果實，即不經受精，子房能直接發育成果實，如香蕉，新疆無核葡萄、鳳梨等；另一類是用人工的方法培育的無籽果實，如無籽西瓜、無籽番茄等，它們是怎樣培育出來的呢？

任何一種生物的體細胞中，都有兩套相同的染色體，而生殖細胞只有一套染色體。當父體與母體的生殖細胞結合後，形成雙套的配子細胞，裡面就又有兩套染色體，又能產生雙套的後代。普通西瓜是雙套，如經過秋水仙素（Colchicine）處理，會使雙套加倍變成四套。然後用四套西瓜作母體，用雙套西瓜作父體雜交，便能得到三套西瓜的種子。當三套種子長成植株開花時，用雙套西瓜的花粉刺激，便能得到無籽西瓜。其基本原理是三套的西瓜含有三組染色體，它在減數分裂形成生殖細胞時，三組染色體不能平均分配，因而形成不正常的生殖細胞，自然就高度不孕了，而無籽的果實吃起來很方便，所以倍受人們的歡迎。

⊙ 細胞融合技術

也許你不會相信有這麼一種植物：它的地上部分結番茄，地下部分長馬鈴薯，可它確實存在，是科學家在一九七八年透過細胞融合技術研發出來的品種。

從常識上講，為了獲得農業上的高產量，常使植物雜交。但親緣關係較遠的植物，如馬鈴薯和番茄，它們無法雜交成功，因為它們的精子和卵細胞無法結合受精，但細胞融合卻解決了這個難題。

細胞融合也稱細胞雜交，是以植物的體細胞為材料，經特殊的酶處理後，去掉它們的細胞壁，然後將不同植物的去壁細胞，以某種方法誘導細胞融合，形成雜種細胞，並使其進一步分化成為雜種小植株。馬鈴薯番茄便是透過這種途徑研發出來，它既帶有馬鈴薯的遺傳物質，又帶有番茄的遺傳物質。

⊙ 基因改造植物

基因是決定遺傳性狀的最基本單位，它使後代能繼續保持這種生物的特徵。隨著生物遺傳工程技術的發展，遺傳學家己經能夠將一種植物的基因取出來，轉移到另一種植物中，形成基因改造植物，這種新型植物便同時具有兩種植物的特徵。

例如，科學家成功將大蒜、胡蔥、玉米的遺傳物質，分別轉移到青菜的體細胞中，形成了大蒜青菜、胡蔥青菜和玉米青菜三種新型植物，它們同時具有大蒜和青菜，胡蔥和青菜，玉米和青菜的外形特點。

又有遺傳學家成功將冰草內含有的耐寒基因，轉移到小麥的細胞當中，培育出一種新型小麥——冰麥，這種麥子即使在寒冷的北方也能生長良好，獲得較好的收成。

美國科學家成功從玉米中取出 IGLU 基因，注入到番茄內，這種本來存在於玉米中的基因竟在番茄中大放光彩，製造出大量的植物生長酶，使番茄迅速生長。

⊙ 從試管中長出的植株

植物的細胞具有分化全能性（Totipotent），它不但繼承了親代的遺傳特性，而且能重新分化長出新植株。以杉木來說，我們可以取嫩條上的芽尖或莖段，切成不到一公分長的小塊，經嚴格滅菌後接種於培養基上，它們就可以分裂成膨大的癒傷組織，接著長出不定芽，形成小植株，再將這些小的試管植株移栽到土中，便能繼續生長，直到長成巨大的杉木，這種技術稱為組織培養法（tissue culture）。

目前已有近千種植物透過組織培養得到了再生植株，現在我們吃的水稻、玉米、蘋果、香蕉、葡萄等植物，看到的蘭花、菊花、康乃馨等花卉，有許多品種就是從試管中長出。有了組織培養技術，科學家幾乎可以讓植物身體上的任何一部分變為一棵植株，而且由試管中長出的幼苗數量多，繁殖快，有很大的實際應用價值。

新知博覽——珍奇蔬菜

彩色蔬菜——科學家為了讓蔬菜更多采多姿，近年來先後培育出了藍色的馬鈴薯、粉紅色的花椰菜、紫色的包心菜和裡紅外白的蘿蔔，及紅綠相間的辣椒等。彩色蔬菜為數不多，它們因具有誘發食欲和一定的食療妙用，在國際市場上十分搶手。

袖珍蔬菜——美國植物學家成功培育出十幾種袖珍蔬菜，如手指般粗的黃瓜、拳頭大小的南瓜、綠豆一樣細小的蠶豆和辣椒、彈丸似的茄子、一口能吃十幾顆的番茄……這些蔬菜頗能滿足一些人標新立異的心理。

減肥蔬菜——西歐培育出來的一種被人稱為「健康菜」的優質蔬菜。這種蔬菜嫩黃軟白，入口清脆，微帶苦味並含有豐富的鈣及維生素B1、B2、C以及少量的維生素A等，而且含熱量很低，是理想的減肥菜肴。

強化營養蔬菜——美國耶魯大學的植物學家試驗栽培了一種含有多種營養成分的強化營養蔬菜。他們選用氨基酸類含量較高的植物細胞，移植到另一種蔬菜上，等到它逐漸分裂繁殖後即可獲得新品種，目前已成功地培育出番茄和甘薯的強化營養蔬菜。這樣人們只要吃一種蔬菜，就可能得到兩種蔬菜的營養。

微生物王國

初識微生物

微生物是包括細菌、病毒、真菌以及一些小型的原生動物、微藻類等在內的一大類生物群體，個體微小，卻與人類生活關係密切。涵蓋了有益或有害的眾多種類，廣泛涉及健康、食品、醫藥、工農業、環保等諸多領域。

⊙ 什麼是微生物

微生物形體微小，計算時得用奈米表示（一奈米等於千分之一微米）。大多數微生物都只由一個細胞組成；也有一些由兩個或多個細胞組成，但個體結構也非常簡單；更有的根本沒有細胞結構，也自由自在活在世界上。

微生物可算一個複雜的大家族，目前已知大約有十萬種以上，有原蟲、真菌、細菌、放線菌（Actinobacteria）和病毒等等，其中成員最多的要算大名鼎鼎的細菌了。通常我們用肉眼觀察不到微生物，要透過顯微鏡才能清楚看到。

在顯微鏡下放一滴水，微生物在這滴水中就像魚在汪洋大海中一般。一克泥土就包含十萬隻微生物，一滴牛奶裡可以含有一億隻微生物。可見，微生物的數目要比地球上的人和動植物的總和還要多，廣泛分布於土壤、空氣、水域和動植物體內以及人體內外。

⊙ 微生物的大小

是不是所有的微生物都一樣大呢？其實不是，各類微生物個體大小的差異也十分明顯。

粗略說，真核微生物、原核微生物、非細胞微生物、生物大分子、分子和原子的大小，大體都以10：1的比例遞減。目前所知道的最小微生物，是一九七一年才發現的馬鈴薯紡錘形塊莖類病毒科（Pospiviroidae），它是迄今所知的最簡單與最小的專性細胞內寄生生物（obligate parasite），其整個個體僅由一個以三百五十九個核苷酸組成的裸露RNA分子所構成，長度僅為五十奈米。

細菌中最普遍的是桿菌，平均長度約兩微米，故一千五百個桿菌頭尾銜接，有一顆芝麻長；寬度只有零點五微米，六十~八十個桿菌「肩並肩」排列成橫隊，也只夠有一根頭髮的寬度。

任何物體被分割得越細，其單位體積所占的表面積越大。如果說人體的「面積和體積」比值為一，則大腸桿菌的比值高達三十萬，由此可見微生物有多麼小，而所有這一切特徵有利於它們與周圍環境進行物質交換，和能量、資訊的交換。

⊙ 最小的微生物

自從三百多年前，荷蘭人雷文霍克（Antonie Philips van Leeuwenhoek）第一次在自製顯微鏡下發現微生物以來，細菌被認為是最小的生物；然而，一八九二年俄羅斯青年植物學家伊凡諾夫斯基（Dmitri Ivanovsky）推翻了這一種說法。

那時，俄國的大片煙草田裡發生了可怕的瘟疫，煙葉上長滿了奇怪的瘡斑。伊凡諾夫斯基經多次觀察，仍無法找到引起菊花嵌紋病毒（Chrysanthemum virus B，CVB）的細菌。後來他將細菌過濾後，發現花葉病不是由細菌所引起，禍首是比細菌還小的生物——病毒。

病毒是最小的生物嗎？也不是。

一九七〇年代，美國科學家從馬鈴薯和番茄葉中發現了一類更小的微生物，只有已知最小病毒的八十分之一，人們把這類微生物稱之為類病毒（Viroid）。類病毒只有赤裸裸的核酸，沒有其他結構，它們只能寄居在別的生物細胞內，利用現成的物質合成、更新自己的身體，一旦寄主死亡，就會另覓新寄主。

⊙ 微生物的數量

由於微生物的營養普及、生存要求不高，以及生長繁殖速度特別快等原因，故凡有微生物存在處都數量龐大。

例如：土壤是微生物的「大本營」，其中四大類微生物的平均數量一般為：細菌（數億/克）、放線菌（數十萬/克）。在人體腸道中始終聚居著一百～四百種微生物，它們是腸道內的正常菌群，菌體總數可達一百兆左右；在人的糞便中，細菌約占三分之一。據調查組對某地十種面額、共四十四萬張紙幣的調查，發現平均每張紙幣上有九百萬隻細菌。

還有，一般人的每個噴嚏含有一、二萬個飛沫，其中含菌量約四千五百～十五萬，而感冒患者的一個「高品質」噴嚏，則含有多達八千五百萬隻細菌。在法國，有人測定過各種空氣樣品的含菌量，發現百貨公司內每立方公尺空氣中，約含四百萬隻微生物，林蔭道相應為五十八萬。

由此可見，我們都生活在一個被大量微生物緊緊包圍的環境中，但常常「身在菌中不知菌」。

⊙ 微生物的種類

科學家研究發現，從生理類型和代謝產物的角度看，微生物種類大大超過了動植物。例如細菌的光合作用、化學合成作用、生物固氮作用、厭氧性生物氧化，各種極端條件下的生活方式，以及存在「生命的第三形態」（甲烷生成菌類古細菌）、「第四形態」（病毒）和非生命與生命間的過渡類型（類病毒）等。

從種類方面看，由於微生物的發現比動植物晚很多，加上鑑定種數的工作以及劃分種數的標準等問題較複雜，所以目前已確定的微生物種數不斷增加。隨著分離，培養方法的改進和研究工作的深入，微生物的新種、新屬、新科甚至新目、新綱屢見不鮮。

這不是在生理類型獨特，演化地位較低的種類中常見，就是最早發現的較大型的微生物——真菌，至今還以每年約七百個新種的趨勢不斷遞增。生物學家曾表示，目前我們所了解的微生物種類，至多也不超過生活在自然界中的微生物部總數的十分之一。

新知博覽——微生物的「集體照片」

人類社會是一個個家庭所組成，每個家庭包括許多有親緣關係的人。微生物的家庭也是如此，由一個微生物繁衍一群有關係、互相聯繫的一個整體，科學家為這個整體取了個名字叫菌落（Colony）。

微生物在固體培養基上生長繁殖時，受培養基表面或深層的限制，不能像在液體培養基中那樣自由擴散，因此繁殖的菌體常聚集在一起，形成肉眼可見的具有各種形態的群體，稱為菌落。

各種微生物的在一定培養基條件下形成的菌落具有一定特徵，包括菌落的大小、形狀、光澤、顏色、硬度、透明程度等等。細菌的菌落表面光滑、透明、濕潤、顏色均一、容易挑起。而放線菌的菌落表面乾燥，且呈粉末狀，有許多菌絲交錯纏繞而成，菌落小而不蔓延，與培養基結合緊密，難於挑起。還有其他一些微生物形成的菌落顏色非常漂亮，形狀各異，讓人愛不釋手，而菌落的特徵對菌種的識別有重要意義。

微生物的起源和發現

約三十二億年前，微生物就悄悄在地球上出現了，那時，整個地球是它們的天下，後來才陸續出現了植物、動物和人類。

在很早以前，人們就已經知道獵取動物當食物，栽培植物收穫糧食了，並逐漸發展了與人類生活密切相關的畜牧業和農業。然而，資歷最古老的微生物，卻一直無聲無息度過了漫長的歲月，即使人類在物理學、化學、天文學和其它許多方面已取得許多成就，但對於微生物王國幾乎仍是一無所知。

⊙ 微生物的起源

大約在四十六億年前地球誕生了，那時只有光禿禿的山，氧氣還沒有形成。而隨著隕石的一次次撞擊，也為地球帶來了生命的元素，這些元素逐漸因雨水的沖刷，而匯集到地球的凹陷處，為生命的形成做準備。終於在距今約三十五億年前，最早的生命誕生了。

科學家認為，最早出現的生命形態是厭氧性異營細菌，例如：甲烷生成菌（Methanogens）這種古細菌，它們只能利用現成的有機物維持生命活動，因此是分解者。大約在三十二億年前，地球上出現了藍綠菌，這時的藍綠菌已能行光和作用，放出氧氣，為往後的嗜氧生物打下生存基礎。此後，各種生命類型沿著演化途徑陸續出現，直到兩百萬年前，人類也誕生了。

由此可見在整個生物界，演化歷史最悠久、種族年齡最古老的，恰恰是被我們忽視的微生物。它為生物演化創造了有利的環境，在生態系統中有舉足輕重的作用。

❶ 微生物的發現

食物放久了為什麼會變壞？腐敗肉類上的蛆蟲是哪裡來的？以前，人們以為蛆蟲是肉裡自發產生，而且其他一切食物的腐敗都是自發的，這就是最早的自然發生說（Spontaneous generation）。

但微生物學家巴斯德（Louis Pasteur）卻不這樣認為，在傳統的巨大壓力下，他設計了著名的曲頸瓶實驗，證明了微生物不是自然發生。

他將煮沸後的食物汁液倒入曲頸瓶中，放置一段時間後，發現瓶中的汁液並沒有受到污染，也沒有微生物生長；但如果瓶頸破裂，汁液就很快就會長滿微生物；如果將汁液傾出一些直到瓶頸的彎曲部，再倒回去，也將得到同樣的結果——微生物四處蔓延。因為空氣中微生物到達瓶頸的彎曲部以後，不能再上升進入瓶中，所以瓶內汁液不會生長微生物。而如果將瓶頸破裂或汁液沾滿瓶頸，微生物則能輕而易舉進入瓶中，並就此安家落戶。巴斯德此舉有效反駁了自然發生說，並證明了微生物如何進入有機汁液，同時也證明了微生物在腐敗食品上不是自發產生，為微生物學的研究奠定了堅實的基礎。

新知博覽——千姿百態的微生物

微生物的長相也千奇百怪：圓形的叫球菌、長形的則稱桿菌、彎曲的叫弧菌、彎曲得更誇張、像蛇一樣的叫螺旋菌。成雙成對的球菌叫雙球菌、長串的叫鏈球菌、四個一組的叫四聯球菌、八個疊一起的稱為八疊球菌、成堆的叫葡萄球菌，還有放射形絲線狀的稱為放線菌。

微生物世界中不光有這些微型的生命體，還有大型的生命體，如食用菌中的蘑菇、銀耳、木耳、猴頭等，最大的食用菌可以將一個小孩完全遮住。

各種各樣的微生物不僅在外型上有如此大的差別，在實際生產、生活中的作用更是不同，如傷寒桿菌（Salmonella typhi）可以引起傷寒病、痢疾桿菌（Shigella dysenteriae）可引起痢疾病、霍亂弧菌（Vibrio cholerae）可引起霍亂等等，危害人與牲畜的健康。可是，不是所有的微生物都有害，如適量的乳酸菌在人的腸道中有助胃腸消化；部分放線菌可製成抗生素抵抗病毒浸染；微生物還可以用來釀酒、做麵包、醃漬酸菜等等。

微生物大家庭

自然界中的微生物是個很大的家族，形成了一個很大的組織網，占據了生物領域大半壁江山。

❶ 沒有心臟的微生物

人類有心臟，並靠其維持生命，那微生物有沒有心臟呢？

在微生物的細胞當中，都有一個重要的組成部分，它像心臟一樣在微生物的生長繁殖等方面發揮重要的作用，即細胞核。那是不是所有微生物都有細胞核呢？不是。

在微生物界中，有一群落的微生物不具備真正的細胞核，只有擬核（nucleoid）。一般情況下，擬核無核膜，沒有核仁，它的遺傳物質DNA也僅為一條雙鏈環狀結構，極其簡單，並且DNA也不與組織蛋白（histone）結合。

具有擬核的微生物，透過分裂生殖的方式來繁衍後代。這一典型的微生物群落被稱為原核生物，不光在細胞核上有區別，而且細胞壁（大多數微生物含有肽聚糖）、細胞膜（沒有固醇）、胞器（沒有液胞、溶酶體、微體、粒線體、葉綠體等）等方面，也與具有真正心臟的微生物有區別。

原核生物是在生物出現的早期階段就出現的最早的群落，所以在細胞結構、形態特徵、生理特性等方面的表現都比較原始低等。原核微生物主要包括細菌、放線菌、立克次氏體、黴漿菌、披衣菌和藍綠菌等。

⊙ 有心臟的微生物

科學家認為，一切細胞生物都同源，具有細胞結構的微生物，不論是原核微生物、還是真核微生物，也不論是簡單的單細胞微生物、還是形態結構較複雜的多細胞微生物，它們在物質組成成分、遺傳變異、物質代謝和生長繁殖方面有共同性，但漫長的生物演化造成了生物多樣性。所以真核微生物比原核微生物要更進步，它具備核膜包被的細胞核，也具有核仁，其遺傳物質為多條染色體，DNA與組織蛋白也結合，更加有效繁衍後代，傳遞遺傳訊息。

真核微生物的繁殖，主要透過有絲分裂。在細胞中存在有各種各樣的胞器，如液胞、溶酶體、微體、粒線體、葉綠體等，為物質運輸營養代謝提供了更有效的途徑，比原核生物更高等。真核微生物主要包括真菌、單細胞藻類和原生動物等。

⊙ 嗜熱細菌

生物可以生存的溫度界限究竟是怎樣？美國的微生物學家，特別是對溫泉微生物精心研究的布羅克（Thomas D. Brock），曾歸納了各類生物可以生長繁殖的溫度上限。雖然有記錄說明，動物中的魚類、軟體動物、節肢動物和昆蟲等能在高溫環境下生存，但布羅克將這些生物可以生存的溫度上限定在攝氏五十度以下，而細菌能生長的溫度範圍更廣。

在美國黃石公園攝氏九十二度的溫泉中，某些細菌能夠生長繁殖，就是嗜熱細菌（Thermophile）。為什麼嗜熱細菌能夠承受高溫的呢？原來它們的DNA鏈上的鹼基不同於其他生物，由DNA所產生的蛋白質和核酸由不同的氨基酸組成，使這種細菌的抗熱性能大大增強。

對於嗜熱細菌的起源問題，不同學者有多種看法，而最著名而又非常離奇的想法，由阿瑞尼斯（Svante August Arrhenius）提出，他認為嗜熱菌是從高溫的行星——金星來的生物。比較公認的見解，是認為嗜熱菌是從嗜中溫菌（Mesophiles）逐漸、或快速適應環境演化而來，但時至今日還沒有一個確切的說法。

⊙ 藍綠菌

藍綠菌（Cyanobacteria）的形狀分球狀和絲狀兩種，球狀的藍綠菌是單一微生物，具有兩層細胞壁，在細胞壁的外面常包圍有一層或多層的黏質層，外形與細菌的莢膜（Capsule）或鞘相似。而絲狀的藍綠菌是由許多個單一細胞串聯而成，每個細胞間有孔道連通，形成一個整體。

藍綠菌在地球上分布極廣，從兩極到赤道均有它的蹤影，但行動卻並不快，均以滑行運動，而且體外沒有如細菌鞭毛樣的運動器官。由此看來，藍綠菌的存在已非常久遠。

藍綠菌是光合自營菌，能利用光能自行合成養分，並且能耐受極端的環境條件，例如：在乾旱的沙漠地區，單細胞的藍綠菌能在岩石層下的縫隙內，利用少量濕氣和日光生活。對於藍綠菌的生殖，人們現在只知道無性繁殖階段，還沒發現有性生殖。繁殖時，是典型的由一枚母細胞分裂成兩枚子細胞，比較簡單。藍綠菌能進行光合作用，是一種較原始的自營生物。

⊙ 放線菌

放線菌在自然界的分布極為廣泛，在高山深海和北極地區都有它們的存在，尤其在土壤中，無論是數量和種類都最多。由於最初發現的放線菌的菌落呈輻射狀，因此而得名放線菌。

放線菌的菌體為單細胞，其結構與細菌基本相似。大部分真放線菌菌絲，由分支的菌絲組成。菌絲分兩種型態，一種為匍匐生的營養菌絲（substrate mycelium），營養菌絲發育到一定階段後，向空間生長伸出另一種菌絲——氣生菌絲（aerial mycelium）。氣生菌絲疊生在營養菌絲上面，它可能滿蓋整個菌落表面，呈棉絮狀，粉狀或顆粒狀。

除少數種類外，絕大多數的放線菌都是異營菌，需要依靠外界的營養物質生活。但它們的食性頗為不同，有的喜歡吃簡單的化合物，另有一些專喜歡啃硬骨頭，以纖維素和甲殼質為食。現在對放線菌的研究很多，它的重要經濟價值就在於放線菌能產生各種抗生素，有效防治人類和牲畜的傳染性病害，有效抑制和殺死各種細菌。

⊙ 立克次體

立克次體（Rickettsia）這一名字是為了紀念一位名叫立克次的醫生，他首次在一九〇九年研究落磯山斑點熱（Rocky Mountain spotted fever）時首先發現這種病原體；次年卻不幸感染斑疹傷寒去世。

立克次體是介於細菌與病毒之間，於專性細胞內寄生的原核微生物，具有與細菌類似的形態、結構和繁殖方式；又具有與病毒類似的、在活細胞內寄生的特性。

立克次體能侵染人類，誘發疾病，一般由攜帶立克次體的節肢動物叮咬、糞便污染傷口而感染人。立克次體侵入人體後，常在微血管的內皮系統繁殖，引起細胞腫脹、增生、壞死、循環障礙，及形成血栓。且立克次體具有毒性物質，能使紅血球溶解，甚至瀰散性血管內凝血（Disseminated Intravascular Coagulation，簡稱 DIC），使人休克死亡。對於立克次體防治的根本措施，是保持環境衛生，防止節肢動物的叮咬，對於患者可用氯黴素或廣效抗生素來治療。

⊙ 黴漿菌

黴漿菌（Mycoplasmosis）也稱擬菌質體，是目前已知離開活細胞可以獨立生長、繁殖的最簡單的生命形式，和最小的細胞型生物。

黴漿菌的外形呈高度的多態性，基本形狀為球形和絲狀。此外還有環狀、星狀、螺旋狀等不規則形狀。與其他細菌不同，黴漿菌沒有細胞壁，只有細胞膜，在人工培養基上生長形成一種「油煎蛋狀」的菌落，中間呈淡黃色或棕黃色，邊緣通常呈乳白色或無色，好像一顆煎熟的雞蛋。

黴漿菌廣泛分布在土壤，污水，動植物及人體中，多為腐生菌或共生菌，只有少數為致病菌。現在僅肯定，肺炎黴漿菌（Mycoplasma pneumoniae）是人類原發性非典型肺炎的病原體，人類經肺炎黴漿菌感染後，血清中可出現具有保護性的表面抗原體。

經研究發現：黴漿菌對熱及抗生素敏感，所以在醫療中多用四環黴素、紅黴素等抗生素來治療黴漿菌導致的疾病，療效頗佳。

⊙ 披衣菌

披衣菌（Chlamydiae）是一種比立克次體稍小的專性細胞內寄生的原核微生物，僅能在脊椎動物細胞質內繁殖，多呈圓形或橢圓形，沒有運動能力。

披衣菌有獨立的生活週期，披衣菌分基體和網狀體兩種形態。基體是一種圓形的小細胞，直徑僅為零點三微米，具有極高的感染性，它可以進入寄主的細胞中形成一個空泡，逐漸長大成為網狀體。網狀體不斷分裂，直到空泡中充滿新的基體後，當寄主細胞破裂時，空泡也隨之破裂，而去侵蝕其他的細胞，這就是披衣菌的致病原因。

披衣菌可直接侵入鳥類、哺乳動物和人類。披衣菌中的砂眼披衣菌（Chlamydia trachomatis），是人類砂眼疾病的病原體，能引起結膜炎和角膜炎，是致盲的主要因素之一。鸚鵡熱披衣菌（Chlamydophila psittaci）還可侵入鳥類的腸道，引起鳥類腹瀉或隱性感染，人類如接觸病鳥，也會由呼吸道侵入而引起感染。

臨床發現，披衣菌對四環黴素、氯黴素和紅黴素及乙醇、酚等化學藥物都很敏感，所以臨床上多用四環素類抗生素，治療披衣菌疾病。

⓵ 肺炎鏈球菌

肺炎如今已不再是什麼不可治療的頑症了，然而在古代，窮人得了肺炎就像是接到了死神的邀請一樣。是什麼這麼厲害？它就是肺炎鏈球菌（Streptococcus pneumoniae）。

如果把肺炎病人的痰注入小白鼠體內，二十四小時內小白鼠全部死去。研究發現，肺炎鏈球菌有兩種類型：一種稱R型，不會使人得病；一種稱為S型，會使人得病，將S型菌加熱殺死後，注入到小白鼠體內，小白鼠不會生病；但如果將死亡的S型菌和活的R型菌混合，一起注入到小白鼠體內，意外出現了：小白鼠死了，被殺死的S型菌「陰魂」不散，借用R型菌的軀體復活。

這種「借屍還魂」科學上稱為轉型（transformation）。科學家推測：一定是某種物質進入到活的R型菌中，變R型為S型。後經實驗證實，這種神奇的物質，是S型肺炎鏈球菌的去氧核糖核酸（DNA），將S型肺炎鏈球菌的DNA，與R型肺炎鏈球菌混合培養在一起，結果R型菌均轉化為S型菌，並遺傳給後代。後來這一現象在其他細菌中試驗，均獲得了成功，也從另一個側面證明，遺傳物質確實是DNA。

⊙ 金黃色葡萄球菌

在一九七五年二月三日，由東京飛往巴黎的日本航空公司的一架巨型客機上，一百四十四名乘客享用完飛機上的早餐後，突然集體肚子痛，且嘔吐不止。機長只好臨時改變航線，將乘客全部送到哥本哈根的醫院搶救，雖然大部分恢復健康，但仍有個別乘客喪生。經查證，是由於給這架飛機提供食品的公司的疏忽所造成的，其罪魁禍首就是一種小小的微生物——金黃色葡萄球菌（Staphylococcus aureus）。

金黃色葡萄球菌是最常見的化膿性球菌之一，廣泛分布於自然界及人體。人體皮膚和鼻咽部帶菌率為20%～50%，醫院的醫護人員帶菌率更高，有時可達70%，是重要的傳染源。金黃色葡萄球菌能引起皮膚、黏膜，各種組織和器官的化膿性炎症，有時進入血流引起敗血症，如污染食品，人將食物中毒。

近年由於抗菌藥物的廣泛使用，本菌的耐藥菌株已顯著上升，對一些常用抗菌藥物如青黴素的耐藥菌株，已高達90%以上，對少數新藥還很敏感。對於該菌的防治主要是採取各種抗生素的治療，藥效不錯，但金黃色葡萄球菌的耐藥性仍不容忽視。

⊙ 酵母菌

酵母菌指一切能把糖或其他碳水化合物發酵，轉化為酒精和二氧化碳的微生物。這是一個統稱，並沒有分類學上的價值。我們日常最常見的酵母菌，用來發麵做饅頭。

酵母菌由一個細胞所構成，雖然也有幾個或幾十個連成一條線的酵母菌，但它們彼此之間並不連繫，仍然各顧各的，我們把連成一條線的酵母菌稱為假絲酵母（Candida）。當條件合適時，酵母菌就開始為傳宗接代做準備了，它們有兩種方式能完成繁殖：一種是出芽生殖，在酵母菌細胞的一端，不斷生出一個小細胞，細胞核也分裂出一份，進入到小細胞中，長到一定程度時，小細胞就脫離母體而獨立生活了；另一種叫分裂生殖，就是酵母菌的核一分為二，同時細胞膜也從中間向內凹陷，最終一分為二，形成兩個獨立的細胞。

酵母菌在人們的生活中有重要的作用，使人們能釀酒、做麵包、做饅頭，是不可缺少的好幫手。

⊙ 黴菌

日常生活中我們常常會遇到：吃剩的饅頭、米飯、糕點、長時間不用的皮包或衣服，在它們的表面上常會長出一點點、一堆堆、一簇簇毛絨狀的東西，並且發出一般濃濃的黴味，這就是黴菌，潛伏在食品、衣服的表面上。一開始顏色很淡，不易發現，但隨著菌絲不斷生長，互相扭結，相互纏繞，顏色會逐漸加深，可以有黑、白、綠、灰、棕土、黃，各種顏色。並且只要溫度、濕度合適，黴菌就會大面積蔓延。

一九六〇年，英格蘭一家養殖場裡的十多萬隻火雞，突然全部昏迷不醒，不到幾天功夫就全部死亡。科學家經過一年多的調查，才發現原來是火雞吃了發黴的花生粉才發病。在發黴的花生粉中有一種黴菌——黃麴黴（Aspergillus flavus），它能產生一種帶螢光黃麴黴毒素，殺死了這些火雞。

但黴菌有過也有功，青黴產生的青黴素，在二戰中救活了無數的傷患；米麴菌和醬油麴黴使人們能釀造醬油；檸檬酸、抗生素的生產中，也有黴菌的身影。

⊙ 青黴

夏天吃過的柑橘皮上，常會長出一些綠色、毛絨絨的黴菌，它們就是青黴的一種——橘青黴。自從一九二七年，英國科學家弗萊明（Sir Alexander Fleming）發現青黴的抑菌作用以來，挽救了無數細菌感染病人的生命，民間也流行有用橘皮泡水喝、治感冒的作法。

實際上在空氣中、土壤裡、果實的表面上都附著多種青黴的孢子。青黴菌與醬黴、麴黴的關係都很接近，只是青黴菌的分生孢子梗與眾不同而已。它不是在頂端形成一個球狀體，而是連續長出短分支，短分支再長出短分支，頂端分隔成一個個小分生孢子。整個分生孢子梗就像一把掃帚一樣，也是青黴的一個重要特徵。

青黴菌對人既有益也有害，它能使食品、衣物腐爛黴變，使農產品大受損失；而另一方面，它又能產生青黴素、檸檬酸、葡萄糖酸等有機物，為人類治療疾病，創造財富。

⊙ 甲烷生成菌

在我們生活的地球上，大自然慷慨為人類準備了各種能源，如煤、石油、天然氣、以及核能。但這些能源並不是取之不盡，用之不竭，如果能源都消耗光後人類如何生存？那時就只有依靠生物能（bioenergetics）。

生物能，顧名思義，當然是生物產生的能源，通常稱之為「沼氣」，是由一些微生物發酵時所排出的氣體構成，這種氣體可以燃燒，就成了人類需要的能源了。這種能產生沼氣的微生物，就是我們今天要認識的甲烷生成菌。

甲烷生成菌的性格、脾氣也與其他微生物不同，只有在無氧的條件下才能正常生長繁殖。現在人們常常利用這一特性，人工建造一些密不透氣的水池，在裡面放上甲烷生成菌愛「吃」的食物，如各種農作物的莖、葉及許多排泄物、廢棄物，甲烷生成菌就能生長，並放出一種無色、略帶一點蒜臭的可燃性氣體，即沼氣。

沼氣的用途很多，可以照明、燒水、煮飯，並可發動機器，沼氣發酵後的剩餘物還可用於肥田。所以發展沼氣既能製取便宜的生物能源，又能得到品質好的肥料，可謂一舉兩得。

⊙ 蝗噬蟲黴

如果你是一名仔細觀察大自然的人，那麼你也許會注意到：水稻葉子上，常常會發現有些蝗蟲一動不動停留在水稻葉子上僵死了，蝗蟲屍體的周圍還會布滿許多小白點。這些蝗蟲就是被蝗噬蟲黴（Entomophaga grylli）所殺死的，那些小白點就是蝗噬蟲黴的孢子囊。

蝗噬蟲黴是怎樣殺死蝗蟲的呢？原來當蝗噬蟲黴的孢子落在昆蟲身上後，在溫度和濕度適宜時，就發芽生長。孢子的發芽管穿過昆蟲的表皮，侵入體內，形成菌絲。菌絲到達血液後，產生一種很短、成段的蟲菌體，這些蟲菌體隨血液分布到昆蟲的全身，不斷侵害蟲體的脂肪、肌肉和神經組織，於是蟲體便逐漸涸竭死亡。染病的昆蟲最初表現為極度萎靡不振，行動遲緩，臨死前會爬到植物頂端，緊抱植物的莖或葉而僵死。蝗噬蟲黴對於消滅自然界的蝗蟲非常有效，其死亡率可達98%。

⊙ 白僵菌

在殺蟲真菌中，白僵菌（Beauveria）有著極為重要的地位，白僵菌占昆蟲病原菌的五分之一，在歐、亞、非、澳及南北美洲，均有白僵菌分布。

白僵菌的傳播主要依靠分生孢子，借助於氣流、雨水或蟲體間相互接觸，傳染給健康蟲體。白僵菌或透過口腔、氣孔、傷口直接侵入蟲體，或分泌幾丁質酶等酶類，溶解昆蟲體表的幾丁質外殼，侵入蟲體。進到蟲體內後直接吸收昆蟲的體液生長，逐漸蔓延，直至使蟲體的各種組織全部破壞。最後當菌絲體吸盡體內養分後，便沿著蟲體的氣門間隙和各環節間膜伸出體外，形成氣生菌絲，然後再產生孢子。此時，可看到蟲體上覆蓋著一層白色的茸毛。「白僵菌」這一名稱由此而得來。

白僵菌雖然能致許多種昆蟲於死地，卻對人畜無害，但對家蠶等益蟲也有傷害。因此利用白僵菌殺滅害蟲時，要加倍小心，防止對養蠶業產生不良影響。

⊙ 綠殭菌

大量農藥的使用，嚴重危害環境。而且害蟲的抗藥性不斷增強，農藥效果越來越差，對各種害蟲的生物防治工作已經迫在眉睫。在農業害蟲的微生物防治措施中，白僵菌頗具盛名，綠殭菌(Metarhizium rileyi) 卻很少有人知道。

其實，綠殭菌可以說是微生物防治的「元老」。早在一八七九年，利用微生物消滅害蟲的第一次實驗，就是利用綠殭菌感染奧地利金龜子幼蟲的方法。後來由於沒有掌握它的生活規律，施用方法不當，防治害蟲效果不很穩定，應用一直受到限制。

近十幾年來的研究表明，綠殭菌的菌絲體穿破害蟲的表皮進入害蟲體內，在血腔中生長，並且產生毒素，毒素刺激害蟲組織變質，使害蟲的細胞膜壞死，導致細胞脫水死亡。在外界環境適宜的條件下，長出綠色的分生孢子，以感染其他的害蟲，周而復始，達到殺死大量農作物害蟲的目的，故開展綠殭菌的研究對於農業害蟲的生物防治，具有重要意義。

⊙ 根瘤菌

氮是植物生長必需的三大元素之一，在自然界十分豐富，空氣中約有80%是氮氣。但這些氮氣都是以游離的氮分子形式存在，植物無法吸收利用，這時就需要借助根瘤菌（Rhizobium）的作用。

如果你把花生、大豆之類的豆科作物連根拔起時，就會發現在它們的根部有許多小疙瘩，這就是根瘤菌的「家」；可是在實驗室中無菌培養的豆科小苗，卻沒發現根瘤。原來根瘤菌有一種本領，只要遇到豆科植物的根，它們就能鑽進去，一直到根毛的中央，刺激根部細胞分裂，形成一個小瘤。它們就在這些小瘤中「生活」，把存在於土壤中的、游離的氮分子，變成能被植物利用的氮化合物，生物學上將這種作用稱為固氮作用（nitrogen fixation）。

根瘤菌的固氮本領相當強大，一畝豆科作物根瘤菌在一年的時間內，可固定二十～三十斤氮，相當於施用一百～一百五十斤硫酸銨化肥的效果。人們很早就知道利用微生物的固氮，提高土壤肥力，將瓜類和豆類農作物在同一塊地裡輪作，提高產量。近幾十年，大量施用化肥對土壤結構破壞極大，如能利用根瘤菌固氮，將大大緩解這種狀況，真正實現綠色農業。

新知博覽——五代同堂的微生物

微生物有著驚人的生長和繁殖速度，是任何動物、植物所無法比擬。通常，十幾分鐘時間微生物就能由小變大，而豬體重增加一倍需三十多天時間，野草體重加倍也得十幾天。如果條件適宜的話，二十分鐘微生物就能產生新的一代，不到一個半小時便能「五代同堂」了。

在人體的大腸中有一種大腸桿菌（Escherichia coli），繁殖力更為高強，在攝氏三十七度的牛奶中，只需十二半分鐘就能分裂一次，產生新的一代。如果以通常所說的二十分鐘分裂一次來計算，那麼一個大腸桿菌在二十四小時後，就可產生將近五個後代。假如每個桿菌的重量為十億分之一毫克，那麼兩天後，一個桿菌的後代總重量為二點二噸，相當於三千六百八十個地球那麼重。當然，由於各種條件的限制，微生物無法一直保持這種繁殖速度，而人體掌握了微生物的這些特點，人工培養了各種微生物。

微生物有哪些特點

微生物也像動物、植物一樣，可以由小長大，可以繁殖後代，也可以「吃」進食物，排出廢物，也會死亡。不過除了具備動植物的特點外，微生物還有一些自己的特點。

⊙ 生長繁殖快

微生物沒有雌雄之分，因此它們的繁殖方式也與眾不同。比如細菌，就是靠自身分裂來繁衍後代。只有在顯微鏡下才能看到的小小的微生物，不到兩天時間，它的子孫後代聚集在一起，就可以達到地球那麼大了！

雖然這種呈幾何級數的繁衍常常會受到環境、食物等各種條件的影響，實際上不可能實現，但這也足以使其他動植物望塵莫及了。

應變能力強

微生物的另一個特徵就是善變，這種特性也讓它們能在其它生物難以生存的環境中安居。有些微生物在攝氏九十度高溫的水中也能活動自如，有些微生物在稀酸中也能正常生存。

在自然條件或人為因素的影響下，微生物的子代還可以變得比親代更強，並且還能遺傳給後代，這種現象叫做變異，變異後的菌種就叫做變種。

在生產實踐中，人們通常會利用各種條件迫使微生物突變，從而獲得具有優良特性的變種，比如：可以讓不耐高溫的菌類改變舊習，適合高溫環境，解決其在工業生產中的降溫問題；毒性弱的微生物可透過突變使毒性增強，殺滅農業中的害蟲。青黴素在剛剛投產時，菌種只能產生幾十個單位的青黴素，而經過多次人為誘變後的變種，就可以生產出幾萬個單位，大大提高了抗生素的生產水準。

利用微生物的變異特性不僅能提高產量、擴大品種，而且能提高產品品質，簡化繁雜的生產工藝。因此可以說，廣泛人工誘變微生物，是一個極為有效、發展微生物生產的途徑。

嗜好千差萬別

微生物依靠什麼食物為生呢？研究發現，微生物的口糧是各種含碳物質，通常人們把凡是微生物能利用的含碳物質都稱為碳源（Carbon Source）。

不同的微生物對碳源的要求也是千差萬別，比如異營型放線菌對澱粉、纖維素、麥芽糖、葡萄糖、有機酸、蛋白質等許多有機物都很喜歡，而且口味很寬。而酵母菌最喜歡吃的是麥芽糖和葡萄糖，對澱粉則不屑一顧。還有的菌吃石油津津有味，有的菌卻只吃動植物的屍體。還有一些微生物需要依賴別的生物細胞提供現成的營養物質，被人們稱為寄生菌。

在研究和利用微生物時，人們透過會根據微生物的嗜好不同，將各種營養物質按一定的比例配合，再加上水就成為培養基（Growth Medium），好的培養基可以充分發揮生產菌的生物合成能力，從而達到最大的生產效果。

⊝ 習性特別古怪

氧氣是維持動物、植物和人類生命必不可少的氣體，微生物卻十分古怪。有些微生物接觸氧氣就不能生活，甚至死亡，這類微生物被稱為厭氧菌（Anaerobic organism），如破傷風桿菌（Clostridium tetani）就屬這一類，傷口愈深，與空氣隔離無氧，它就生長得愈好；而有些微生物則正好相反，它們必須要在有氧氣的環境下才能生活，這類微生物被人們稱為嗜氧菌（Aerobic organism），諸如一些產生抗生素的微生物就屬於此類。人們在利用它們生產抗生素時，常常需要供給專用空氣，它們才能正常生長。

還有些微生物是介於厭氧菌和嗜氧菌之間的類型，稱為兼性厭氧菌（Facultative anaerobic organism）。在有氧的時候能夠存活，無氧時也可以，蒸饅頭的酵母菌就屬於兼性厭氧菌。當發麵時，將它揉入沒有空氣的麵團裡，只要溫度適宜，就能在麵團中生長繁殖，同時還產生二氧化碳，使麵團中出現許多小空泡，使做出的饅頭鬆軟好吃。而在有氧氣的情況下，酵母菌也能照樣生長繁殖，比如醬油或醋放置時間過長時，在與空氣接觸的表面就會長出一層「白膜」，這就是酵母菌體所形成的。當然，這種「白膜」會損害醬油、醋原有的風味。

新知博覽——微生物的頑強毅力

在漫長的演化歷程中，微生物經受了各種複雜環境條件的影響和選擇，使它們在抵禦各種不良環境因素方面成為生物界的冠軍，有極強的耐熱性、耐寒性、耐鹽性、耐乾性、耐酸性、耐鹼性、抗缺氧、抗壓、抗輻射以及抗毒物等能力，例如：從美國黃石公園溫泉中分離出一株高溫芽孢桿菌（Bacillus），可在攝氏九十三度的沸水中生活，如把它培養在反應器內升溫至攝氏一百度，還能生長；如果同時升高壓力，則溫度提高到一百零五度，還是能生長。

有些嗜冷菌可在零下十二度生活；有些嗜酸菌，生活在PH0.9～4.5的環境中；還有些嗜壓菌生活在海底一萬多公尺，水壓高達一千一百四十個大氣壓。

世界上最著名的鹹水湖——死海，其含鹽量雖將近百分之二十五，還是有許多細菌生活其中，故從微生物學家的角度來看，死海根本不「死」。

無處不在的微生物

微生物雖然肉眼看不見，卻無時無刻不存在於四周的空氣、土壤、水等等，就連我們的身體裡、衣服上、皮膚上、手上，也有許多微生物存在。

⊙ 土壤中的微生物

土壤具有各種微生物生長所需要的條件，也是微生物生活的最好場所。

首先，土壤中有豐富的有機質，可以為微生物提供碳源、氮源和能量；同時，土壤中還有豐富的無機礦物質，可以為微生物的生長提供礦物養分；土壤的良好持水性，還能保證微生物所需要的水分；土壤的多孔性，也使其中儲留了許多空氣，可以滿足嗜氧菌的生長需求。

其次，土壤的酸鹼度接近中性，滲透壓在三～六大氣壓之間，與微生物生長的條件非常相似；而且土壤中溫度相對穩定，這些都能滿足微生物的要求，因而土壤事實上就是微生物天然的培養基。

在土壤中，微生物的種類最多，數量也最大。據估測，通常每克肥土中，就含有幾億至幾十億個微生物，即使貧瘠的土壤，每克中所含的微生物量，也在幾百萬至幾千萬之多，其中既有非細胞形態的微生物，也有細胞形態的微生物及藻類、原生動物等。

土壤中的微生物，又以細菌最多，通常占土壤微生物總數量的70%～90%，主要是腐生性菌，還有少數是自營性的。細菌雖然小，但由於數量多，所以生物量也高。所謂生物量，就是指單位體積中活細胞的重量。據估計，土壤中細菌的生物量如果以每畝半尺深耕作層的土壤重一百五十萬噸計算，那麼每畝土壤的這一深度內，細菌的活重為九十～兩百三十公斤。以土壤有機質含量為3％計算，其中所含細菌的淨重約為土壤有機質的1％左右，而占土壤重量的萬分之三左右。而且由於它們個體小、數量大，與土壤接觸的表面積特別大，因此也成為土壤中最大的生命活動面和最活躍的生活因素，不停與周圍環境進行物質交換。

土壤類型不同、深度不同，季節不同，降水量的多寡，土壤反應，耕作制度等，都會對細菌的分布和活動產生影響。一般來說，富含有機質的黑鈣土，要比有機質缺乏的灰化土含有的細菌多很多，而且表層土中的數目和種類也都比深層土中多。尤其是硝化細菌、纖維分解菌和非共生固氮菌等，更是會隨著土層深度的增加而急劇減少。

土壤中的有機質礦化以春秋兩季最甚，因此菌數也會相應增加。土壤中含有的空氣和水分是對立的，降雨量多，就會礙及通氣，嗜氧性細菌的數量就會減少。土壤過酸或過鹼，對很多細菌的生長都是不利的，而耕作則可以改善土壤中空氣和水的狀況，促進嗜氧性菌的活動，從而有利於有機質的分解。

放線菌在土壤中的數量也很大，僅次於細菌，每克土壤含有幾百萬到幾千萬的菌體和孢子，約占土壤中微生物總數的5％～30％，放線菌大多喜歡在鹼性、富含有機質的溫暖土壤中存活。

放線菌數量雖然不如細菌多，但由於其體積比細菌大幾十倍到幾百倍，因此在土壤中的生物量也不低於細菌。一般來說，放線菌的耐乾旱能力比細菌強，能存在於乾燥的土壤乃至沙漠中，隨土壤深度增加而減少的速度比細菌慢。因此，深層土壤中放線菌，往往比其他微生物要多。

土壤中還有真菌存在，主要分布於土壤表層。由於它們喜酸性，因此在酸性森林土壤中含量更多。真菌的數量要比細菌和放線菌少，每克土壤只含幾萬至幾十萬個，但由於其菌絲很粗，個體體積要比細菌和放線菌大，所以它們的生物量也不少。土壤中的真菌主要有黴菌、酵母菌和擔子菌（Basidiomycota）等。這些真菌通常都有很強的分解能力，有不少真菌都能分解許多微生物所不能分解的纖維素、木質素等物質，有助於改善土壤結構，提高土壤肥力。

此外，土壤中還含有藻類和原生動物等。藻類具有光合色素，能透過光合作用增加土壤中的有機物；原生動物是土壤中異營的小動物，可以吞食各種有機物、藻類和菌類等，對土壤中的物質轉化和在藻類、菌類數量調節方面有重要的作用。

⊙ 水中的微生物

水是微生物的重要生存環境，由於水源、水質的不同，比如海水、江河水、靜水（如湖泊、池塘水）和流水（江河等），其中所含微生物的種類和數量也有很大差異。

一般來說，水中微生物的分布會根據水的條件，和進入水中微生物數量的不同，有很大的差異。在靜水池中，微生物的數量比較多，而流水中則比較少；而池水和湖水中微生物的數量，則取決於水中有機質的含量，一般有機質越多，微生物的量也越大；地下水、井水和泉水中，由於經過很厚土層的過濾，含有的營養物質少，因此微生物數量也比較少。

但是，不同地層的地下水中，所含的微生物種類數量也不同。在含石油的地下水中，含有大量能分解碳氫化合物的細菌；在泉水中如果含鐵，那麼還經常會有鐵細菌（Iron Bacteria），含硫則可能發現硫細菌（Sulfur Bacteria）。海水由於特殊的鹽分、低溫、高壓等情況，不利於微生物生存，因此海水中的微生物數量就比淡水少，但海底由於有機沉積物多，而含有許多微生物。

通常根據水中微生物的不同來源，可以將它們分為三類，分別是原生物生物群、來自土壤中的微生物，和來源於污水中的微生物。

原生微生物群生活在水中，因為水底沉積物中具有較穩定的組成，在各處水中都可以發現它們，是水中的「常駐人口」。

土壤中的微生物主要附著在土壤微粒上，由於風吹雨淋被帶入水中，但在水中也占有一席之地。

來源於污水的微生物，主要是由於工業污水和居民的生活用水，不經處理就被直接排放到江河中，導致水質受被大大污染。在這些受到污染的水中，可能含有傷寒桿菌、志賀氏桿菌、霍亂弧菌等致病菌，人喝了這種水後，就可能會患上相應的疾病。

⊙ 空氣中的微生物

由於空氣中缺乏營養，也就缺乏微生物生存的條件，因此空氣中的微生物暫時而有限。儘管如此，空氣中還是含有相當數量的微生物。

空氣中的微生物主要來自於土壤中飛揚的灰塵、水面吹起的小液滴以及人與動物體表的乾燥脫落物，和呼吸所帶出的排泄物等，這些有微生物吸附的塵埃和小液滴，會隨著氣流在空氣中傳播。

一般來說，空氣中的微生物數量，直接取決於空氣中塵埃和地面微生物的多寡。工業城市上空的微生物最多，鄉村次之，森林、草地、田野上空比較清潔，而海洋、高山及冰雪覆蓋的地面上空微生物量就很少。而且，空氣中微生物的垂直分布也會隨著高度而改變，離地面越高，空氣越潔淨，含有的微生物量也越少。

室內空氣的微生物量通常要比室外多，尤其是公共場所，如電影院、學校等地方，每立方公尺空氣可含兩萬個以上細菌。

空氣中所含的微生物種類，主要是真菌孢子、細菌芽胞和某些耐乾燥的球菌，如葡萄球菌等。空氣一般不含病原微生物，但在病人、病畜附近，傳染源排出的病原體也會散布到空氣中，尤其是一些呼吸道傳染病。例如，某地正流行流行性感冒，那麼該地空氣中就含有許多流感病毒，透過空氣飛沫傳播，該病就可很快在易感人群中流行。

此外，還有許多能耐乾燥的病原菌，會隨病人、病畜的分泌物、排泄物而排出體外。當這些排出物乾燥後，病菌也會隨塵土飛揚散布在空氣中。當然，許多病原菌在空氣中逗留的時間很短暫，能很快被日光殺死。但在陰暗角落，有些耐乾燥病菌則可長久存在，如結核桿菌在塵埃上九個月後，還有感染力，這樣的病菌就比較危險。因此如果可以，要經常開窗通風，並經常消毒以保持空氣的新鮮潔淨。

① 人體上的微生物

人的體表和體內是許多微生物的生活場所，但這些微生物通常不會給人體帶來傷害。

在人的大腸中有許多豐富的營養物質，又有合適的酸鹼度、溫度，於是就成了微生物定居生棲的地方。常見的大腸桿菌、產氣桿菌（Aerobacter）、變形桿菌等，都生活在人的大腸中。

不過，這些菌群也並非白白在人的腸道內吃喝，它們還會向人體貢獻出許多物質，比如可以提供維生素B1、維生素B2、維生素B3、維生素K、葉酸、氨基酸等物質，參與食物的消化和吸收。如果我們服用抗生素藥物時間較長、劑量過大，藥物就會殺死這些微生物，就會導致正常菌群失調，引起維生素缺乏、腹瀉等病症，所以醫生通常不會隨便使用這類抗生素藥物。

人的皮膚上也經常附著很多微生物，比如鏈球菌、小球菌、大腸桿菌、黴菌等。一旦皮膚損傷，致病菌就會侵入傷口，引起化膿感染。我們在打針時，護士會用酒精消毒皮膚，就是為了防止皮膚上的微生物隨注射器針眼進入人體。

人的口腔裡也有微生物，口腔中所含的食物殘渣和脫落的上皮細胞，就是微生物良好的營養物，而且口腔裡的溫度也很適宜微生物生長繁殖。所以口腔中有各種球菌、乳酸桿菌、芽孢桿菌等，這些微生物在分解、利用食物中的醣類時，會產生許多有機酸，損壞牙齒。因此養成飯後漱口、睡覺前刷牙的良好衛生習慣，可以減少口腔中微生物的數量，保持口腔清潔。

此外，在鼻腔、咽喉等部位還常有白喉桿菌、肺炎鏈球菌、葡萄球菌和流感桿菌；在眼結膜、泌尿生殖道中，也都有一些微生物生存，其中一些致病菌一旦遇到皮膚破裂、服用抗生素過多，或人體過度疲勞時，便會使人患病。

⊙ 食物中的細菌

水果被碰傷後容易黴爛；夏天飯菜放置時間稍長會餿掉；饅頭時間長了會長黴；魚、肉長期存放會發臭……這些變化都是由微生物引起。食物會由於微生物的生長繁殖使營養遭到破壞而變味，人如果吃了這樣的食物很危險，一些腸道球菌、糞鏈球菌等，在進入人體後會引起嘔吐、腹瀉等症狀。

肉、魚、蛋類食品如果帶有沙門氏菌，人吃了後可以引起傷寒、腹痛及發燒。微生物給食品帶來的危險性，有的是因為致病菌隨著食物侵入人體生長繁殖造成；有的則能產生強烈毒素，如葡萄球菌可分泌一種腸毒素（Enterotoxin），使人嘔吐、腹痛；而引起人急性中毒的黃麴黴毒素，就廣泛存在於糧食、油料、水果、蔬菜、肉類、乳類、醬和飼料中。對食物進行嚴格微生物學檢查，是食品加工業必不可少的步驟。

新知博覽——世界上最古老的化學家

你知道誰是世界上最原始、最古老的「化學家」？既不是歐洲人，也不是非洲人；既不在文明發達的中國，也不在文化悠久的希臘。而是至今仍然健在，人肉眼看不見的微小生物。這就是我們平常所說的微生物。

在生物世界上，微生物是一個足有幾十億年歷史的「小人國」。在自然界的物質轉化過程中，微生物的作用是任何生物都無法比擬的，我們之所以稱它們為「最古老的化學家」，是因為它們在常溫常壓下，無需任何特殊裝置和強大的能量，就可以在體內進行成千上萬種的化學反應，而且一些用現代化學方法不能合成的物質，微生物卻可以極快製造出來。由於微生物具有如此高超的技術，自古以來，人們就利用它們來製造醬油、酒、醋、麵包等食品。

如今人們還在驅使這些「最古老的化學家」，完成各種合成過程，生產像氨基酸、維生素、抗生素、抗癌藥物，以及與人類生命有重大關係的物質等等，可以說如果沒有微生物，人類就無法生存。

微生物的生活

和其他動植物一樣，微生物也像人類一樣有吃穿住行和睡覺等等，甚至還有愛美的生活行為，有勤勞的微生物，也有懶惰的微生物。

➀ 微生物的食物

數以萬計的微生物無處不在，靠什麼生活呢？實際上微生物是一批饕餮食客，山珍海味、蔬菜水果、肉類糕餅，都是它們喜歡的食品，就是漿糊、皮鞋、衣服、垃圾、甚至動物的屍體和糞便，以及腐爛的木頭等，均是它們攝取的對象。卻也有些微生物吃得很「清淡」，它們只要吃一些空氣裡面的氮氣，就得以維持生命。

但有的微生物口味很特別，喜歡吃鐵、硫磺、石油等東西，食譜之廣，真洋洋大觀。說來奇妙，這些微子微孫一時找不到食物，它們也不在乎，餓上一月半載也無妨，但只要遇上可吃的東西，那就「當吃不讓」，風捲殘雲吃個痛快，它們能把地球上的一切生物殘軀遺體吃個精光，稱得上大自然的清潔員。

由此可見，地球表面經過千萬年的積累，還沒有被生物屍體塞滿，還虧得這些微生物立下的功勞！

⊙ 微生物偏食嗎

你知道科學家在實驗室是如何培養微生物的嗎？微生物那麼小，又怎樣才能看見呢？

實際上，科學家採用一種極簡單的方法培養微生物，他們配製一種透明的固體，叫做培養基，在上面培養微生物。培養基的配製有許多方法，這要依照所要培養什麼微生物決定。

例如，培養細菌要用肉汁蛋白腖培養基；培養放線菌要用高氏一號合成培養基；培養酵母菌用麥芽汁培養基；培養黴菌用查氏合成培養基。每種不同的培養基，含有不同營養物質成分，pH值不同，培養微生物的目的不同。不同的微生物像孩子一樣，喜愛吃不同食品，所以在營養物中加入某種微生物愛吃的成分，這種微生物就長的特別好，而其他微生物不愛吃這種食品，造成營養不良、發育不全，自然就不生長，造成在特定培養基上只有某種微生物生長的局面，這就是微生物偏食對科學研究有重要價值的原因。

⊙ 微生物貪吃嗎

自從雷文霍克第一次看到微生物以來，三百多年來，科學家對微生物的認識逐漸加深。研究發現，微生物是一個名副其實的貪吃「大胃王」。凡是動植物能夠利用的營養物質，如澱粉、麥芽糖、葡萄糖、有機酸、蛋白質、維生素……微生物均能來者不拒，照單全收；一些動植物不能利用的物質，甚至是劇毒，微生物也照吃不誤。劇毒的氰化物，是一些鐮刀菌、放線菌和假單胞菌的美味佳餚；空氣中的氮氣是固氮菌的餐桌主食；一些複雜的有機物，如魚蝦外殼中的幾丁質、現代工業的產物石油、塑膠酚類，也能成為微生物的開胃點心。可以毫不誇張的說，只要有新的有機物合成，不管它的結構如何新穎複雜，只要一遇到微生物，肯定逃不掉徹底毀滅的命運。

但微生物也對各種元素，例如氮、磷、鉀、碳的循環中發揮重要的作用，沒有微生物的分解作用，物質會越來越少，世界將會因為不能進行物質循環，最終永遠停止。

⊙ 勤勞的微生物

微生物能以二氧化碳作為唯一碳源或主要碳源，並利用光能生長，主要包括藻類植物、藍綠菌和部分光合細菌。其共同特徵是含有光合色素，能主動行光合作用，並且能在完全無機的環境中生長。

它們中另一部分也能在完全無機的環境（即只有無機物質，沒有有機物質）中健康生長，並且也以二氧化碳作為唯一碳源或主要碳源。唯一不同的是，它能透過無機物的氧化取得能量，而不依賴於葉綠素的光合作用。這兩類微生物的共同特徵，就是都能主動創造營養物質，透過不同方法將二氧化碳氧化為碳水化合物，作為自身營養物質。根據其能量源的不同，科學家把前一類微生物稱為光能自營微生物，把後一類微生物稱為化學能自營微生物，都極為勤勞。

⊙ 懶惰的微生物

既然有勤勞的微生物，當然也有懶惰的微生物，它們自己不勞動，只靠從別人那裡獲取營養物質。但在這群懶惰微生物群體中，還是有一類相比之下較為勤勞。

它以光能為能源，以有機物作為碳源，透過光合作用把有機物轉變為自身生長所需要的物質。儘管勤勞，它還是要從別處獲取有機物後才能工作，科學家把這群微生物稱為光能異營微生物。

剩餘的懶惰微生物，科學家稱為化學能異營微生物。它與光合異營微生物的區別，是不利用光合作用，而利用化學能合成作用，甚至有一部分微生物完全依靠從別處獲取養分。根據有機物的來源不同，可以將懶惰的微生物分為腐生菌和寄生菌。腐生菌利用無生命的有機物質，而寄生菌從活的有機體中獲取營養物質。

自然界中還存在可腐生、又可寄生的群落，稱為兼性寄生菌（Facultative parasite）。寄生菌和兼性寄生菌大都是有害的微生物，可引起人和動物的傳染病和植物病害。腐生菌雖不致病，但可使食品等變質，甚至引起食物中毒。化學能異營型微生物的種類多，數量也多，包括絕大多數的細菌、放線菌、所有的真菌和病毒。

⊙ 微生物的「衣服」

動物的衣服是皮毛，植物的衣服是細胞壁以及外面的附屬物，微生物有些也穿著一身特別的「衣服」，科學家叫這種衣服莢膜（Capsule）。不過在一般情況下，這套特殊的衣服是透明的，就是放到科學的眼睛——顯微鏡下也難以看清。

聰明的科學家想出一個好辦法：將這套衣服染上紅色或紫色，使它們原形畢露。實際上，這件隱身衣是微生物自己編織的一種透明、非常整齊、黏度極大的一種物質。一般情況下，一個微生物自己穿一件衣服，也有兩個或幾個共同穿一件衣服，科學家將之稱為菌膠團，就不用再害怕外界侵害。因為這套衣服是由黏性極大的物質所構成，可以黏附在任何一處微生物喜愛的地方。

⊙ 微生物的「髮型」

有些微生物確實長有「頭髮」，而且有自己獨特的髮型，科學家稱之為「鞭毛」。

人的頭髮是由蛋白質組成，微生物的頭髮也是由一種特殊、含有硫元素的蛋白質所組成。微生物頭髮著生的位置不盡相同，有的只生在一端，有的生在兩端，有的只有一根，有的有兩根，有的甚至全身長滿。

實際上微生物的頭髮——鞭毛，是一種運動器官，微生物就依靠它在水中自由游動。但鞭毛極其纖細，易於脫落，失去鞭毛的微生物就不能再運動了，但它不會死亡。

並不是所有的微生物都有鞭毛，如球菌中，只有尿素八疊球菌（Sarcina ureae）有鞭毛；只有一部分桿菌有鞭毛；所有的絲狀菌、弧菌、螺旋菌都有鞭毛，在微生物的生命活動中發揮重要的作用。

⊙ 微生物的睡眠

經過一天的緊張忙碌，人類就要在夜晚休息——睡覺，以補充有限的精力。可微生物是怎樣休息的呢？科學家研究發現，微生物在不良條件下很容易進入休眠狀態，不少種類還會產生特殊的休眠構造。乾燥、低溫、缺氧、避光、缺乏營養，並加入適當的保護劑等，都有利於微生物的休眠。

據報導，有的芽孢經五百～一千年，甚至經一千九百年的休眠後仍有活力。一九八一年，前蘇聯烏拉爾山西麓，彼爾姆州農莊的奶牛，在接觸一個考古遺址後，都患上奇怪的炭疽病。經證實，這些奶牛是感染了該地一千年前曾流行的炭疽病菌的芽孢之故；一九八三年埃及考古團隊，在開羅南部薩加拉村附近的墓穴裡，發現了一些乾酪片。經研究，這種距今兩千兩百年前的食物中，竟含有活的發酵菌；甚至還報導過三、四千年前的木乃伊上，至今仍有活的病菌。

微生物的這種睡眠，使它保持了旺盛的生命力，當一覺醒來之時，又能以新的生命展現於世。

⊙ 微生物的旅行

前面我們已經知道，無論在土壤、空氣、水中、人體上均有微生物的存在，人們每刻都與微生物打交道，微生物雖然棲息在土壤中，卻也經常飄遊四方。

土壤中的微生物最多，但微生物在土壤中的移動性較差；而水中的微生物也只能沿著江河水的流動而傳播，所以最有效的旅行方式是飛行。微生物乘坐在塵埃或液體飛沫上，憑藉風力可以漫遊三千公里，飛上兩萬多公尺的高空。如果這些微生物是致病性的，那麼這次旅行就有可能帶來嚴重的災難。

例如一九一八年的世界性流行性感冒，從法國開始，染遍全球，全世界有四分之一的人口患病，兩千萬人死亡。雖然微生物的旅行會為人類帶來災難，但只要了解它的規律，就可以防患於未然，甚至利用微生物的旅行造福。

例如科學家研發出一種能在空中飄遊很長時間的氣膠（Aerosol），使殺蟲微生物吸附在其上面，當發現病蟲害時，用飛機噴灑，可一舉殲滅害蟲，並能節約大量殺蟲劑，可謂一舉兩得。

新知博覽——微生物對衣服顏色的喜好

科學家在實驗室中為微生物染色時，有的喜愛紅色，有的喜愛紫色，結果所有微生物被分成兩類，一類組成紅色方隊，另一類組成紫色方隊，這是為什麼呢？

微生物學上把穿紅衣服的，稱為革蘭氏陰性菌（Gram-negative bacteria），把穿紫色衣服的稱為革蘭氏陽性菌（Gram-positive bacteria），這兩類菌的細胞壁結構有所不同，在染色時會發生不同的反應。

革蘭氏陰性菌的細胞壁分為兩層，肽聚糖含量低，網孔較大，在染色過程中結晶紫——碘複合物容易被抽提，於是細胞被脫色，而在複染時被染成紅色；革蘭氏陽性菌的細胞壁分三層，肽聚糖含量高，網孔較小，通透性降低，結晶紫——碘複合物被保留在細胞內，細胞不被脫色而呈紫色。

可見，微生物也不是自由選擇喜愛的顏色，而是被動選擇，這是由自身細胞壁結構所決定，無法改變，革蘭氏染色在微生物鑑定方面有著重要的作用。

微生物的繁衍

微生物也需要透過繁殖產生後代，但微生物的繁衍跟動植物的繁衍有很大的區別。

⊙ 微生物的繁殖

微生物沒有雌雄之分，它們繁殖後代的方式與眾不同，它是靠自身分裂來繁衍後代。主要是將自己一分為二，二變為四，四變為八，就這樣繼續成倍分裂，科學家將這種繁殖方式稱為分裂生殖。如果分裂發生在微生物的中腰部，與它的長軸垂直，分裂後形成兩個子細胞的大小基本相等，這樣的分裂方式稱為同型分裂（Homotype Division）；如果分裂偏於一端，分裂後形成兩個大小不一的子細胞，這樣的分裂方式稱為異型分裂（Heterotypic Division）。

裂殖是最簡單的一種繁殖方式，只要各方面條件都適合，每隔十五分鐘就分裂一次，有人測算過：如果照這樣的速度分裂下去，那麼一晝一夜，一個微生物的「1」後面，就能再加上二十一個「0」，半個月就可鋪滿地球表面。不過不用擔心，微生物也有懼怕的敵人，如冷、熱、酸、鹼等，這些敵人使微生物不能無休止繁殖，只能遵循自然規律——適者生存。

⊙ 微生物的變異

達爾文的《物種起源》一書中提出，任何生物都在不斷演化，都可能突變；然而微生物的變異在自然界中可以說是獨樹一幟。

微生物的結構十分簡單，沒有植物那樣的根、莖、葉，也不像動物有各種複雜的系統，是單細胞或是由單細胞構成的群體，變異相對簡單得多。微生物的突變對人類來說有利也有害，比如產生抗藥性，對人類就十分有害。若致病菌產生抗藥性，人就不得不研發新藥來對付微生物，消耗人類的資源和財富。

當然，有些變異對人類還是有利，比如為人類服務的微生物變異後，能提高微生物工業品的產量和品質，在單位時間內的原料利用率增加。

新知博覽——微生物的替身

微生物也會遇到逆境，如在溫度過低、pH發生變化等一系列不適宜的環境中，微生物會死嗎？實際上，在一定的生活環境中，微生物生長到一定階段後，細胞內會產生一種圓型或卵圓型的結構，折射率很高，不易著色，有緻密的壁，極為耐熱、耐輻射、耐化學藥物，這種結構可以說明微生物曾經歷過不良環境，促使微生物以休眠的狀態存活，科學家把這種結構稱之為芽孢(gemma)。

芽孢只是微生物的休眠體，是正常微生物的替身，不能繁衍後代，但在適當條件下可以萌發新的微生物。芽孢可以在細胞的任何部位形成，使母細胞形成各種形狀，如梭狀、鼓槌狀、紡錘狀、球拍狀等。

但並不是所有生物都能產生芽孢，一般只有嗜氧性芽孢菌、厭氧性梭狀芽孢桿菌、梭菌、以及八疊球菌屬才能產生芽孢。芽孢在微生物的生命中占有重要的地位，這個替身使微生物在逆境下尚能存活幾年。

微生物的生活趣聞

儘管微生物是最小的生命形式，然而也有著很多有趣的現象。

⊙ 令人稱奇的噬菌體

顧名思義，噬菌體（Bacteriophage）專門吃細菌，是病毒的一種，身體微小，在電子顯微鏡下才能看見。

噬菌體有很多特性，屬於營寄生生物，主要寄生在細菌體內。噬菌體對細菌的「興趣」具有專一性，也就是說，一種噬菌體只對特定的細菌感興趣。比如大腸桿菌噬菌體，只寄生並吞食大腸桿菌，對其他的細菌則不聞不問。

那麼，噬菌體是怎樣噬菌的呢？

首先要從噬菌體的結構說起，噬菌體是由蛋白質外殼和被外殼包著的核酸組成，它的尾部有幾根尾絲，可以牢牢吸附在細菌身上，然後就會分泌出一種溶菌酶，在吸吮的細胞壁上溶解出小孔，將自身的遺傳物質注入到細菌體內，而它的蛋白質外殼卻始終留在細菌體外。進入細菌體內的遺傳物質會利用吸吮的原料，以自己為樣板，開始複製；等到複製工作完成後，噬菌體就重新為自己和同伴穿上蛋白質外衣，而這時的細菌已經變得面目全非了。於是噬菌體就衝破細菌的細胞壁，成為一個個獨立的新噬菌體。

噬菌體繁殖複製的速度十分驚人，十五分鐘至幾個小時內就可以完成，而它們也正是利用這樣神速和大量繁殖來生存。

⊙ 脾氣怪異的酵母菌

說酵母菌「脾氣怪異」，是因為它在有氧氣和無氧氣的環境條件下都能生存。而且在不同環境條件下，酵母菌「吃糖」後還能生成不同的產物。

在沒有氧氣的條件下，酵母菌會將98%～99%的糖發酵生成乙醇和二氧化碳，而剩餘的1%～2%的糖則被自身細胞利用。在有氧的情況下，酵母菌會行有氧呼吸，將糖徹底氧化成二氧化碳和水；而且在此過程，比發酵產的能量多。因此，利用等量能源物質，酵母菌在有氧環境中得到的細胞產量，比缺氧時要高很多。也就是說，在向發酵的酵母菌懸液通氣的情況下，酵母可以繁殖迅速；而發酵減慢，乙醇生產停止，這就是氧對發酵的抑制作用。

了解了酵母菌的「怪脾氣」後，人們在想得到大量的酵母菌菌體時，就應通氣培養。而如果利用它們產生酒精、啤酒時，則要隔絕或排除氧氣。

⊙ 細菌怎樣傳宗接代

細菌繁殖的方式非常簡單：一個細菌長大成熟後，就從中間裂開，變成兩個。此後，便以同樣的方式，兩個變成四個，這種生殖方式叫做分裂生殖。

大多數的細菌，二十分鐘即可分裂一次，而如果按照這個速度推算，一小時後一個細菌就能變成八個；兩小時後，就能變成六十四個；而二十四小時後，就可以繁殖七十二代了，也就會有四億兆多個細菌。如果按十億個細菌重一毫克來計算的話，那麼二十四小時內形成的細菌重量，就可以達到四千七百二十二噸！如果真是如此，那麼地球就會被細菌吞沒。

但人們並不會為此而擔憂，因為以上的推算結果，是在完全滿足細菌生長繁殖的所有條件時才能出現，而事實上這是不可能的，即使在人工提供的最好條件下，也難以維持幾個小時。因為隨著細菌的迅速活動，它們所需的營養就會迅速被消耗，而在自然條件下，就更不可能滿足細菌無休止的繁殖需要了，各種因素會抑制它們的生長繁殖。

細菌的繁殖也具有遺傳性，比如球菌分裂生殖後，產生的後代還是球菌；桿菌的後代仍是桿菌。不過細菌的後代也會發生突變，人們在醫療過程中，如果長時間使用某種藥物，就會導致致病細菌發生抗藥性，這就是細菌突變的結果。

⊙能「吃」的細菌

細菌沒有口部，也不具備任何消化器官，它們卻有生物體都具備的新陳代謝功能。與其他生物一樣，細菌會不停從外界吸取所需的養分，用於組成身體；同時，細菌還會將自身的一部分物質分解，並將最終產物排出體外。

那麼，微生物是怎樣從外界攝取營養的呢？可以說，大多數的微生物都是以整個身體或細胞直接接觸營養物質，且主要是細胞壁和細胞膜在發揮作用。細胞壁的結構有孔隙，在其孔隙大小允許的範圍內，一切物質都能自由出入，比如水和無機鹽等，這也說明細胞壁對物質沒有選擇性，而真正控制物質進出的是細胞膜。

一般來說，細胞膜只允許需要的物質進入細胞，拒絕不利於自身生長的物質。同時，它對不同的營養物質也會採取不同的吸收方式，比如對水、二氧化碳和氧氣等小分子物質，是依靠擴散作用，憑藉細胞內外物質的濃度差進入細胞膜。

而另外一些物質則是靠酶，這種酶叫做通透酶（Permease），在膜的外面可以與環境中的物質結合，而當物質被轉運到膜內時，再將這些物質解離。在這個過程中並不需要消耗生物能，因此也稱為輔助性擴散，比如細菌吸收甘油。

另外，微生物也可以主動吸收營養，就是說，當它們的身體需要某種營養物質時，雖然這種物質在細胞內的濃度已經超過環境濃度，但細胞仍能從環境中吸收，以滿足自身的需求。微生物的這種本領不但要靠酶的幫助，還要消耗能量。

此外，還有許多微生物，是靠吞噬作用來攝取外界營養。

⊙ 神奇的菌根

所謂菌根，就是真菌與植物根系形成的特殊共生體。根據不同的形態特徵，菌根可以分為外生菌根（Ectomycorrhiza）和內生菌根（Endomycorrhiza）兩類。

外生菌根是真菌菌絲體緊密包圍植物幼嫩的根，形成菌套，有的向周圍土壤延伸出菌絲，代替根毛作用。外生菌根菌絲蔓延於根的外皮層細胞間，大部分都生長在根外部。因此外生菌根通常會在許多樹木的根部被發現，如松柏類等。這些外生菌根可以在土壤中吸收水分和養分，供給植物利用，同時又能從植物根部的分泌物中吸收營養。而這種互相共生的關係，還可以讓植物生長得更加旺盛，而有些樹種在缺乏菌根共生的情況下會出生長不良。

內生菌根是真菌的菌絲體，主要存在於根的皮層薄壁細胞之間，並進入細胞內部，不形成菌套，因此具有內生菌根的植物一般都保留著根毛。

內生菌根普遍存在於各種栽培作物中，比如玉米、大豆、馬鈴薯等。這類真菌大多屬於藻狀菌，侵入植物根部後，會向細胞中伸出球狀或分支狀的吸器，從根外表看不到菌絲存在。實驗證明，具有內生菌根的植物生長狀況良好，還能促進植物吸收土壤中的磷。

相關連結——菌捕蟲與蟲捕菌

在土壤當中，微生物與生物之間存在著一種特殊關係，這種關係人們認為可能是由於相克、競爭或捕食所造成。

所謂相克，是指一種生物被另一種微生物的產物所抑制，這種產物有抗生素、有機酸、毒素以及硫化氫等。

所謂競爭，是指某一環境中的兩個種，為某一有限的因素而爭奪。一般來說，被競爭的因素主要包括營養、空氣和空間等。

所謂捕食，在原生動物、細菌、真菌中都有發現，如黏菌捕食細菌、原生動物捕食酵母、真菌捕食線蟲等。

人們對於捕食現象中了解比較詳細的，應該算是某些真菌捕食線蟲了。有人發現：梗蟲黴的菌種可以分泌一種黏液，當任何線蟲經過時，都會被黏附在菌絲體上，菌絲就伸入到線蟲的皮層組織內。菌絲線上蟲體會會逐漸膨大，並吸取營養，直至線蟲死亡。

此外，原生動物捕食酵母菌，也可以透過草履蟲觀察到。只要將酵母菌染上紅色，再與草履蟲放在一起，在顯微鏡下，就能清楚看到草履蟲食物泡中的紅色酵母菌，這就是蟲捕菌的現象。

微生物與食品製造

被用於食品製造，是人類利用微生物最早、最重要的方面。在長期實踐中，人們積累了豐富的經驗，利用微生物製造了種類繁多、營養豐富、風味獨特的食品，如酒類、糕點、藥物等。而隨著科學技術的進步，微生物在食品工業中的應用前景將更加廣闊。

⊙ 微生物與釀酒的關係

釀酒的歷史悠久，至今至少已有四五千年的歷史。酒的種類也很多，按原料和工藝可分為白酒、米酒、葡萄酒、啤酒等，但不論哪種酒，都是透過酵母菌的發酵作用而來。

在無氧條件下，酵母菌會先將原料中的醣類，經過糖解作用（簡稱 E-M 途徑）分解成為丙酮酸。糖解作用很重要，包括人在內的絕大多數生物的碳源利用，都是透過這條途徑進行，接著酵母菌再將丙酮酸進一步發酵為酒。

各種名酒之所以味道不同，原因就在於應用的黴菌、酵母菌種類不同。這些微生物都有特定的酶系統，也使得釀酒的工藝和成品品質大有差異。

事實上，在釀酒過程中，由於酒對微生物有殺菌作用，因此釀造時酒精的含量較低，一般不會超過15%。如果酒的濃度再提高，酵母菌就難以生存，所以烈酒通常是用加熱的方法獲得，也稱燒酒。酒精的沸點是攝氏七十八度，而水則是一百度，人類就是利用酒和水的沸點差異來蒸餾酒。

⊙ 纖維素與酒精製造

酒精的主要用途是溶劑和原料。作為溶劑，主要用於製造染料、藥物、塑膠及油漆等；作為合成其他化合物的原料，則可以製備乙醚、乙酸和合成橡膠等。

用於製造酒精的原料，主要是澱粉和糖蜜。用澱粉作為原料製造酒精，需要先用麴黴、根黴和毛黴，因為這些微生物可以將澱粉變為糖，然後再由酵母菌發酵，將糖轉化為酒精。

纖維素雖然也是葡萄糖分子的聚合物，但它同澱粉在結構上又有差異，而且分子量大於澱粉，表示它很難被微生物分解。如果想用纖維素作原料生產酒精，就必須先用纖維素酶，將纖維素分解成為醣類，再用酵母菌發酵使之成為酒精。目前利用木黴、黑根黴菌等分泌的纖維素酶，可以成功用纖維素生產出酒精。

ⓘ 醬和醬油的釀造

醬和醬油都是我們日常飲食中常用的調味品，醬的種類也很多，比如可以用豆類做成豆醬、用小麥粉做成麵醬、用肉類做成肉醬，還有魚醬、蝦醬、花生醬等等。

做醬與做酒有點相似，也是要先做麴。不同的是，做麴時控制的培養條件不同，生長的微生物種類也不同，常見的有黴菌、酵母菌、乳酸桿菌等。而隨著醬的種類的不同，在製作方法上也各有千秋。比如做米麴醬，首先要將米洗淨、浸泡、蒸熟，然後再接種黴菌。這時，米要含有一定的水分，黴菌才能生長好。然後再將麴和豆混合，混合前要先將豆磨碎、浸泡、蒸熟。然後在攝氏二十八度的條件下培養，接著升溫到三十五度，再過一段時間就移到厭氧的環境中，這時麴中的黴菌菌絲就會死亡，而耐高溫的酵母菌則生長發酵。發酵結束後，就成了可以食用的米麴醬。

古人在利用微生物製做醬的同時，還會從醬上面取一些醬汁作為調味品，這就是醬油。而現代醬油的生產工藝，就是由此演變而來。

在釀造醬油的過程中，要先讓小麥中的澱粉被麴黴分解成糖分，再被酵母、麴黴和細菌等發酵成為酒精、有機酸和氨基酸等。此時，所生成的酒精在與有機酸結合生成酯類，這就是醬油有香味的原因。原料中的蛋白質被微生物中的蛋白酶分解後，就能生成多種氨基酸，它可以與鹼類結合形成鹽類，這也是醬油中香味成分的來源之一。而原料中的多糖被酵母菌、細菌發酵後，其產物在與氨基酸結合，就成了醬油的顏色。

⊙ 醋是如何釀造的

一般來說，釀造食醋的方法有兩種，即固體發酵法和液體發酵法，所用的原料主要是澱粉，如高粱、大米、小米等。

無論是哪種類型的食醋，生產過程中都要先將米蒸熟，然後加水和麴、酵母，放於適宜的溫度下使之成為甜酒；然後在甜酒中拌入醋酸菌種，經過醋酸發酵，進一步氧化成醋酸。不過醋酸的酸味很強烈，通常食用的醋中只含有3%～6%的醋酸。在發酵過程中，醋酸桿菌還能產生一種副產物乙酸乙酯，因為有了它才有了香氣。

醋具有很強的殺菌作用，幾乎所有病菌在醋中都存活不了三十分鐘，醋還能促進食欲，幫助消化吸收。

相關連結——色香味俱全的葡萄酒是如何釀造的

走入生產葡萄酒的車間，你會看見一串串的葡萄經過輸送帶，透過一排排的「噴泉」將它們洗淨，然後被送入葡萄輾碎機，很快變成了葡萄漿；而不久，這些葡萄漿就會變成酵母菌的美味佳餚。

酵母菌在吃了葡糖漿裡的糖之後，就會排出乙醇和二氧化碳，這時葡萄漿中就會冒出氣泡。溢出來的二氧化碳將葡萄皮和籽沖到表面，產生很厚的浮渣，這就是發酵。浮渣與空氣接觸面積大，而且含有很多酵母，所以發酵速度也非常快；加上熱量不易散失，溫度很快上升，不利於酵母繁殖，而且浮渣隔絕了發酵液中二氧化碳的排出與氧氣的輸入，影響發酵正常進行，因此工人必須每天將浮渣與發酵液充分混合數次，促進果皮和種子中所含色素、單寧及芳香物質抽出。

發酵過程中的溫度，應維持在攝氏二十五度～三十度，經過幾天的旺盛發酵，因糖分減少，發酵作用逐漸慢下來，這一段過程就是前發酵。前發酵結束後，除去殘渣並壓榨過濾，過濾出來的未成熟的新酒，還要進行後發酵。

後發酵過程通常需要在橡木桶中進行。將橡木桶放在發酵室內，溫度控制在攝氏十度～十五度。這時酵母菌的活動會漸漸減弱，再經一定時間的儲存陳釀、再配製、澄清、過濾、裝瓶，就可以得到成品紅葡萄酒了。

白葡萄酒的釀造方法與紅葡萄酒不完全相同。首先原料就不同，白葡萄酒一般是用糖分很高的白葡萄製成。其次，釀造方法也不同，紅葡萄酒一般會帶皮一起發酵，讓色素單寧盡量滲出；白葡萄酒則僅取葡萄汁發酵；此外，白葡萄酒的釀造要求也比紅葡萄酒更嚴格。

但它們的發酵過程基本相同，而且都需要加入一定的化學藥劑，才能抑制由果皮帶入的雜菌，從而釀造出色香味俱全的葡萄酒。

警惕微生物帶來的弊端

古人會得一些奇怪的、致命性的疾病，但當時人們還不清楚患這些病的起因；在經過無數科學家的艱苦努力後，終於找到了真正的殺人兇手：細菌。

研究得知，結核病是結核桿菌引起；霍亂病是霍亂病菌引起；白喉是白喉桿菌引起；像傷寒、破傷風、肺炎、腦膜炎等傳染病，都是細菌在作亂。

➀ 藍綠菌的毒素

早在一八七五年的五月，在《自然》雜誌上發表的一篇文章中就指出：在墨瑞河入海處藍綠菌和繁殖，已對生物造成極大的危害。藍綠菌形成像綠色油漆那樣的厚厚的一層浮渣，猶如一鍋濃稠的粥，動物飲用之後就會昏迷，十二小時內均會死亡；經研究人員發現，罪魁禍首就是肉眼看不到的藍綠菌。

藍綠菌體內含有毒素，當水體中的氮和磷的濃度增加，或者是風的吹拂等原因，使藍綠菌逐漸聚集時，就可能發生中毒事件。藍綠菌的毒素有很多種，其中不乏有致死性的毒素，例如藍綠菌的肝毒素，能夠在幾小時到幾天內毒死動物；類毒素A則能連續刺激人的肌肉，使人肌肉痙攣，最終死於驚厥窒息。並且這種毒素不能被降解，也尚未生產出抗類毒素A的阻抗劑。因此阻止死亡的方法，只能是識別有毒的水，並阻止動物和人類飲用，直到把藍綠菌減少到規定數目以下為止。

⊙ 細菌內的毒素

許多疾病是由於人體被細菌感染所引起，這些細菌在人體內分泌出各種蛋白質，進入人體的各個系統中，引起發燒、昏迷等症狀，這些毒素被稱為外毒素（Exotoxin）。

一九八二年，兩位科學家分別闡述了不符合外毒素特徵的一些毒物，並且有人注意到這些毒素並不主動向外分泌，而是隱藏在細胞內，因此取名為內毒素（Endoto），為革蘭氏陰性菌所特有。當內毒素由於細菌體破裂或受刺激等原因，被釋放到血液中時，主要會影響和刺激巨噬細胞，並與巨噬細胞上的受體結合，產生一系列反應，導致人類患病。

但研究發現：細菌產生內毒素的原因，與細菌繁殖有關，可以說細菌的內毒素，是許多細菌完整的一部分，它能在產生內毒素的細菌上形成一穩固防禦物，阻止許多抗生素與那些侵染的細菌格鬥。也有研究人員認為，接觸內毒素分子，是發展免疫系統，並使之有活力的必經之路。

總之，內毒素對人類有功也有過，人們正在努力阻止負面作用，而利用其有益的方面。

⊙ 蟲牙的來歷

齲齒俗稱「蟲牙」，因為人們若有齲齒，牙齒就會很痛。古代科學不發達，以為是由於蟲子蛀食了牙齒，才形成齲齒。就有一些人藉此為生，專門為患牙病的人挑「牙蟲」，他們能從患者口腔中「挑」出細小的白身黑頭的小蟲；後來把戲被揭穿了，原來所謂「牙蟲」其實是韭菜或蔥的種子發芽後的胚芽，細小而微彎，很像一條白身黑頭的小蟲。治病時，將這種「蟲」藏在手中，到時魔術般的變出來，就變成從牙中「挑」出來的「牙蟲」了。既然齲齒不是由於在牙中有蟲作怪，為什麼牙還會痛呢？

原因很複雜，但大多是由於牙齒間常有各種食物殘屑，經過微生物的作用（如乳酸菌）就會產生酸，經過酸的長期侵蝕，牙齒就會形成空洞，空洞越來越大，就會碰到牙髓中的血管和神經，神經感覺十分靈敏，這時吃東西就會牙痛。

另外，吃飯時挑食，體內缺乏某種礦物質和維生素，致使牙齒發育不良，也容易患齲齒。因此應不偏食、多吃蔬菜和粗糧、早晚刷牙、定期檢查，且發現牙病要及早治療。

⊙ 滅菌手段

人類想盡一切辦法徹底殺死使人患病的微生物，這就是滅菌，而如今人們已總結出許多有效的滅菌手段。

（一）高溫，微生物沒有合適的溫度就不能生長，並且懼怕火，其中「火燒」是最古老、也是最有效的滅菌手段，一切微生物均逃不出烈火的手掌心，煮沸、蒸汽、乾熱，均是有效的高溫滅菌方法。

（二）陽光，紫外線具有強大的殺菌能力，許多微生物都怕紫外線，因此勤曬衣被是預防傳染病的好方法。

（三）射線，許多放射性元素都能發出各種波長的射線，它能產生比太陽光更強的殺菌力，、在食品儲存方面取得不少成就。

（四）通風，通風不能殺死任何有害微生物，但它可將大量含有害微生物的污濁空氣排出，有助於預防傳染病。

（五）化學藥劑，透過對細菌等微生物的代謝與抑制殺死微生物。儘管人們在長期與有害微生物的鬥爭中，找到了許多消滅和防止的辦法，但一旦患病，仍需立即選用有效的藥物對症治療。

⊙ 無菌技術

了解微生物，就不可避免要涉及無菌技術。在雷文霍克親眼看到細菌等微生物後，幾乎整整兩個世紀後，人們才逐漸體會到：要研究自然界中隨處存在、數量龐大、雜居混生的微生物，首先要為它創造一個沒有任何雜菌干擾的無菌環境，這就是所謂的無菌技術。

無菌技術按其處理後所能達到的無菌程度，可分為四類：

（一）滅菌：指徹底、永久消滅物體內外部的一切微生物；

（二）消毒：消除物體表面或內部的部分致病微生物；

（三）防腐：完全抑制物體內外部的一切微生物，但一旦將此因素去除，原有的微生物仍可活動；

（四）化療：即利用某種化學藥劑對微生物和其宿主間對毒力的差別選擇，抑制或殺死宿主體內的微生物，從而達到防治傳染病的效果。

無菌技術與人類的經濟活動和日常生活息息相關，全世界每年僅因微生物引起的黴爛、腐敗、變質而損失的糧食達2％以上，如果我們能自覺廣泛應用無菌技術，防治有害微生物對工農業產品的黴腐或發酵過程的染菌，經濟效益將非常巨大。

新知博覽——冷藏不能滅菌

冷藏是保存食物的一種方法。嚴冬臘月，食物可以儲存得比較久；而在溫暖的環境中，吃剩的飯菜、點心等，隔上一天或一夜就會發餿、變質，冷藏真的能滅菌嗎？

細菌學家曾做這樣的實驗：取一桶霜淇淋，故意放入致病的傷寒桿菌，經測定，每毫升霜淇淋裡大約含有五千萬個活的傷寒菌；把霜淇淋放進冰箱內，隔了五天後，取出一桶檢定，發現每毫升裡還有一千多萬個活著的傷寒菌；繼續冷藏至二十天後取樣測試，這時每毫升霜淇淋裡還有兩百萬多個傷寒菌；過兩個月後檢查，裡面還有六十萬個活菌存在；一直冷藏到兩年零四個月再取出測定，發現這時每毫升竟然還存在六千多個活傷寒菌。

這一試驗有力說明：冷凍的方法，只能限制細菌生長繁殖，並沒有殺死細菌的效力。因此冰箱裡的食物，仍需煮熟後才能食用。

國家圖書館出版品預行編目資料

這堂生物課很會：那些年課本沒教的生物冷知識 / 侯東政 著 . -- 第一版 . -- 臺北市：崧燁文化，2020.09

面； 公分

POD 版

ISBN 978-986-516-463-8(平裝)

1. 生物 2. 通俗作品

360 109012654

這堂生物課很會：那些年課本沒教的生物冷知識

作　　者：侯東政 著

編　　輯：簡敬容

發 行 人：黃振庭

出 版 者：崧燁文化事業有限公司

發 行 者：崧燁文化事業有限公司

E-mail：sonbookservice@gmail.com

粉 絲 頁：https://www.facebook.com/sonbookss/

網　　址：https://sonbook.net/

地　　址：台北市中正區重慶南路一段六十一號八樓 815 室

Rm. 815, 8F., No.61, Sec. 1, Chongqing S. Rd., Zhongzheng Dist., Taipei City 100, Taiwan (R.O.C)

電　　話：(02)2370-3310　　傳　　真：(02) 2388-1990

總 經 銷：紅螞蟻圖書有限公司

地　　址：台北市內湖區舊宗路二段 121 巷 19 號

電　　話：02-2795-3656　　傳　　真：02-2795-4100

印　　刷：京峯彩色印刷有限公司（京峰數位）

定　　價：320 元

發行日期：2020 年 9 月第一版

◎本書以 POD 印製